基于软测量技术的液体组分浓度检测方法

王 魏 著

科学出版社

北京

内 容 简 介

本书主要阐述基于软测量技术的液体组分浓度检测方法，介绍软测量技术基本理论、关键技术及其应用。主要内容分为三部分：第一部分是概述，介绍软测量相关概念及分类，总结液体组分浓度检测方法研究现状；第二部分介绍软测量技术在氧化铝生产过程中铝酸钠溶液组分浓度检测中的应用，包括数据预处理技术、数据驱动建模技术、机理与数据驱动相结合的混合建模技术等；第三部分主要介绍软测量技术在集约化水产养殖水质参数检测中的应用。

本书可供从事软测量技术研究及应用的科技人员、氧化铝工业和海洋渔业方面的技术人员，以及高等院校自动化及相关专业的教师、研究生及高年级本科生阅读参考。

图书在版编目（CIP）数据

基于软测量技术的液体组分浓度检测方法/王魏著. —北京：科学出版社，2018.11

ISBN 978-7-03-059578-2

Ⅰ.①基… Ⅱ.①王… Ⅲ.①液体-浓度-测量技术 Ⅳ.①TB22

中国版本图书馆 CIP 数据核字（2018）第 260768 号

责任编辑：姜 红 韩海童 / 责任校对：郭瑞芝
责任印制：吴兆东 / 封面设计：无极书装

科 学 出 版 社 出版
北京东黄城根北街 16 号
邮政编码：100717
http://www.sciencep.com

北京建宏印刷有限公司 印刷

科学出版社发行 各地新华书店经销
＊

2018 年 11 月第 一 版 开本：720×1000 1/16
2019 年 5 月第二次印刷 印张：12
字数：250 000

定价：99.00 元
（如有印装质量问题，我社负责调换）

前　　言

　　复杂工业生产过程存在多种液体，它们可能是某个生产过程的重要载体，也可能是生产过程中重要的中间产物，这些液体的组分浓度往往是过程控制和优化的关键。比如高炉铁水中的含硅量、氧化铝生产过程中的苛性碱和氧化铝浓度、渗透脱水过程中的食盐和蔗糖浓度、牛乳中的乳脂、蛋白质和乳糖浓度、水产养殖过程中的溶氧和氨氮浓度等。然而，由于影响液体组分的因素较多且溶液本身特性复杂，这些过程变量往往因为技术或经济原因无法通过传感器进行直接测量。随着智能技术的发展和计算机学习能力的提升，软测量建模技术在液体组分浓度检测领域具有广阔的应用前景。

　　本书主要介绍两种液体组分浓度软测量方法，一是铝酸钠溶液，二是水产养殖水环境，分别介绍如下。

　　拜耳法生产氧化铝主要是用苛性碱和铝土矿中的氧化铝反应，生成铝酸钠溶液，再经过分解、蒸发、焙烧等工序得到成品氧化铝。铝酸钠溶液几乎贯穿整个氧化铝生产过程，准确测量其组分浓度（主要是苛性碱浓度、氧化铝浓度和碳酸碱浓度），对于控制原矿浆制备工序的液固比，提高原矿浆配料的合格率具有重要作用。作者依托国家高技术研究发展计划（863 计划）项目（项目编号：2006AA040307）子课题"铝酸钠溶液组分浓度在线检测"，开展了以下研究工作。

　　（1）针对工业过程数据中离群点的存在对软测量模型精度的不利影响，提出一种基于模糊聚类的改进快速最小协方差行列式（fast-minimum covariance determinant，Fast-MCD）数据预处理方法。

　　（2）针对组分浓度与温度、电导率之间存在复杂的非线性关系，结合此刻组分浓度与过去时刻存在动态关联的特点，提出一种基于数据驱动的 Hammerstein 递归神经网络和偏最小二乘（Hammerstein recurrent neural networks and partial least squares，HRNNPLS）软测量建模方法。这种方法将偏最小二乘（partial least squares，PLS）回归算法与 Hammerstein 递归神经网络（Hammerstein recurrent neural networks，HRNN）相结合，并提出了更新模型参数的稳定学习算法，保证了建模误差的有界性。

　　（3）通过对铝酸钠溶液组分浓度机理特性的进一步分析，提出了机理和数据驱动相结合的铝酸钠溶液组分浓度软测量方法。首先，通过正交试验建立了苛性碱和氧化铝浓度的机理近似主模型，并采用主元分析（principal component analysis，PCA）与神经网络（neural networks，NN）结合的方式，对主模型的建模误差进行补偿。针对反向传播（back propagatio，BP）算法训练神经网络收敛速度较慢的缺点，采用椭球定界算法对其进行改进，提高了收敛速度并保证了建模误差的有界性。对于难以建立机理模型或机理近似模型的碳酸碱浓度，将同步聚类算法与 TSK（Takagi-Sugeno-Kang）模糊模型相结合，提出了参数更新稳定学习算法，保证了建模误差的有界性。

（4）设计和开发了铝酸钠溶液组分浓度软测量软件系统，并将机理与数据驱动相结合的铝酸钠溶液组分浓度软测量模型用于中国铝业河南分公司进行工业实验。

集约化水产养殖生产过程中，所有的养殖动物都不能离开水而生存，都需要吸收溶解于水中的氧气（溶氧）进行呼吸活动。溶氧对养殖水体水质和底质存在影响，决定水质和底质的氧化还原条件。所以，溶氧是养殖生物最重要的生存依赖因子，及时掌握水中溶氧浓度的动态变化、提前预测溶氧浓度是集约化水产养殖亟待解决的重要问题。此外，在养殖过程中，常因水中的残饵、养殖对象的排泄物、过度投放的化学药物等在水中分解，导致养殖水环境中氮、磷、悬浮物、有机质等增加，产生氨氮等有毒有害物质，使养殖水环境遭到严重破坏，影响养殖对象的健康，甚至使其大批量死亡。所以，监测养殖水环境中氨氮浓度的变化也是水产养殖过程中一个必不可少的环节。然而由于养殖水体复杂、传感器精度不够且成本较高，难以实现水环境的在线检测。作者在国家自然科学基金项目"集约化水产养殖关键参数稳定学习方法研究"（项目编号：61503054）支持下，根据水产养殖水质参数检测方法的研究现状和存在的问题，借鉴已有的其他液体组分浓度软测量建模方法和思路，主要开展了以下研究工作。

（1）针对水产养殖水环境溶氧和氨氮浓度对养殖生物的重要作用，分别研究基于数据驱动的溶氧浓度预测方法和氨氮浓度软测量方法。

（2）为了实现上述关键水质参数的在线监测，为预测和控制奠定基础，设计和开发了集约化水产养殖水环境软测量软件系统。

本书得到了国家自然科学基金项目（项目编号：61503054）和辽宁省科技厅面上基金项目（项目编号：201602106）的支持。

感谢大连海洋大学对本书的出版给予的支持。

感谢我的导师柴天佑院士！感谢墨西哥国立理工学院高等教育及研究中心余文教授、澳大利亚乐卓博大学王殿辉副教授、沈阳化工大学赵立杰教授在科研工作中给予作者的帮助和支持。

由于作者学识水平有限，书中难免有不足之处，敬请广大读者批评指正，并给予谅解。

作 者

2018 年 5 月

目 录

1
软测量技术概述

1.1 软测量技术简介及分类

软测量是一门综合性技术，是多学科交叉的实用性技术。它是以可靠性理论、信息论、控制论及系统论为理论基础，以现代测试仪器和计算机为技术手段，结合实际对象的特殊规律逐步形成的一门新技术[1]。软测量以目前可以获取的测量信息为基础，其核心是用计算机语言编制的各种软件，具有智能性，可方便根据被测对象特性的变化进行修正和改进。因此，软测量技术在可实现性、通用性、灵活性和成本等方面均具有无可比拟的优势，具有较高的工业应用价值[2]。

软测量技术根据某些最优准则，选择一组在工业上容易检测的变量，称为辅助变量，如工业过程中容易获取的压力、温度、液位等过程参数，通过构造待测变量（主导变量）与辅助变量之间的数学关系即软测量模型，利用各种数学计算和估计方法，用计算机软件实现对主导变量的在线估计[3]。软测量建模方法的步骤，如图1.1所示[4]。

（1）初始数据检验：获取数据整体信息，识别明显问题，检查输出变量是否有足够变化建模。

（2）辅助变量选择：主要是模型输入、输出数据的选择。

（3）数据预处理：主要是数据标准化、变量转换、缺失值、离群点、漂移问题的检测和特殊变量的延迟处理等。

（4）模型选择、训练和验证：模型选择没有统一理论指导，一般根据领域经验或从简到繁的不断尝试。验证方法主要有K-折交叉验证和再抽样技术等。

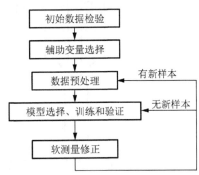

图 1.1 软测量建模方法的步骤

（5）软测量修正：包括自适应补偿[5,6]或重新建立软测量模型等[7]。

软测量模型是软测量技术的核心。软测量建模方法主要有三大类[4,8]，如图1.2所示。第一类是机理建模方法，即根据过程的化学反应动力学、物料平衡、

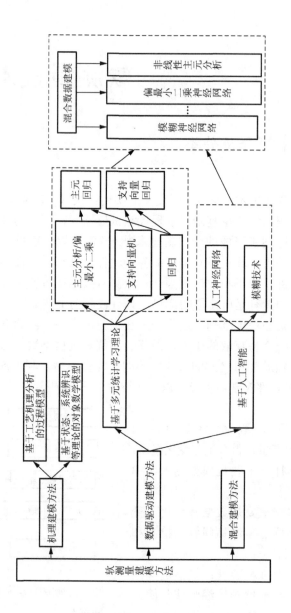

图 1.2 软测量建模方法分类

能量平衡等原理来表述过程的内部规律，建立基于工艺机理分析的过程模型，或是基于状态估计、参数估计、系统辨识等理论的对象数学模型，包括基于状态空间的模型和基于过程的输入输出模型。第二类是数据驱动建模方法，即建模时将对象看作一个黑箱，通过输入输出数据建立与过程特性等价的模型，其优点在于不需要研究对象的内部规律，只需要获得足够多的数据即可建立对象的软测量模型。该类建模方法主要包括基于多元统计学习理论和基于人工智能方法等。第三类是混合建模方法，即混合使用机理建模和数据建模方法建立对象的数学模型，可以达到两种方法取长补短的效果，目前已成为研究的热点。

软测量是利用过程测量数据经过数值计算实现的，为了保证其准确性和有效性，在采集数据时，要均匀分配采样点，尽量拓宽数据的涵盖范围。另外，由于仪表精度及环境噪声等随机因素的影响，对输入数据的预处理也是软测量技术不可缺少的一部分。由于机理建模需要深入了解过程工艺，难度较大，单独实现较难，故接下来我们主要介绍数据驱动建模和混合建模方法的研究现状。

1.2 软测量中的数据预处理及建模方法研究现状

1.2.1 数据预处理方法

工业过程数据类型多种多样，如数值型、非数值型、逻辑型等。由于生产设备故障、人为因素或数据传输错误等主客观原因，工业过程数据收集和数据存储也有可能丢失数据，造成数据不完整或不一致。不完整性和不一致性是大型的、现实世界数据的共同特点[9]。具体来说，工业过程数据的不完整性和不一致性一般包括缺失值、离群点、数据漂移、多重共线性、多采样率和测量值滞后、测量噪声等[10]，下面分别介绍其处理办法。

1. 缺失值

缺失值是指粗糙数据中由于缺少信息而造成的数据的聚类、分组、删失或截断。它指的是现有数据集中某个或某些属性的值是不完全的，如图 1.3 所示。

缺失值的产生原因多种多样，主要分为机械原因和人为原因。机械原因是由于机械导致数据收集或保存失败造成的数据缺失，比如数据存储的失败、存储器损坏、机械故障导致某段时间数据未能收集（对于定时数据采集而言）。人为原因是由于人的主观失误、历史局限或有意隐瞒造成的数据缺失，比如在市场调查中被访人拒绝透露相关问题的答案，或者回答的问题是无效的，数据录入人员失误漏录了数据等。

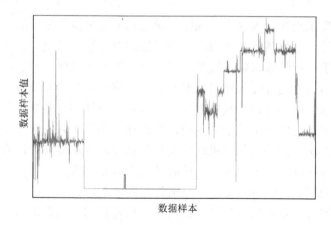

图 1.3　缺失值

对于缺失值的处理，从总体上来说分为删除存在缺失值的个案和缺失值插补两种。对于主观数据，人将影响数据的真实性，存在缺失值样本的其他属性的真实性不能保证，那么依赖于这些属性值的插补也是不可靠的，所以对于主观数据一般不推荐插补的方法。插补主要是针对客观数据，它的可靠性有保证。常用的有均值插补、相邻值均值插补[11]、多变量统计技术数据分析、重构缺失值[12]、极大似然估计和贝叶斯估计多重插补[13]等。

2. 离群点

数据采集过程中出现一些失误和意外，比如环境干扰、记录错误、转录错误、仪器偏差等，都将导致某些样本个体偏离样本的正常分布范围较远，成为异常和失效的离群点[14]。在一个样本中，离群点数值大小严重偏离剩余部分的数据，如图 1.4 所示。

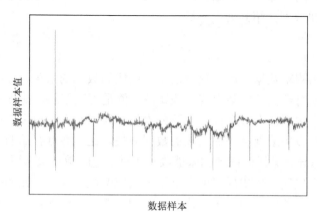

图 1.4　离群点

在实际问题中，不论是单变量数据还是多变量数据都会存在一定数量的离群点。在单变量数据中，通过简单的排序就能很快地分辨出哪些数据明显偏离了大多数数据。而在多变量数据中，常常会出现这些情况：一是单个变量值过大或过小，明显偏离该变量大多数观测值，这种情况类似于单变量数据中离群点存在的情况；二是单个变量值虽未表现出异常，但却不符合变量间的结构和相关性，明显扰乱这种相关关系，这种情况下是很难将离群点区分出来的[15]。

离群点是由于系统受外部干扰而造成的。但是，形成离群点的系统外部干扰是多种多样的[16]。首先可能是采样中的误差，如观测人员的疏忽大意、工作人员在记录或抄写中出现笔误、计算错误等，都有可能产生极端大值或者极端小值。其次可能是被研究对象本身受各种偶然非正常的因素影响而引起的，如试验或生产条件（包括原材料、机械设备、工艺条件等）的突然变化，测试仪表的某种故障等，都会出现数据极增、极减现象，变为序列中的离群点。从离群点的辨别角度，可分如下两类[4]：①明显的离群点，超出物理或技术极限的值，如绝对压力为负值；②不明显的离群点，难辨别，不超出任何极限，在标准值范围之外。

离群点的存在，会导致回归模型方差变大，极大地影响回归分析的效果。因此，一方面，应在试验或观察过程中加强数据收集的质量控制，尽量避免失误；另一方面，应设计并运用相关的方法对样本数据点进行检测和分析，以便确定数据是否存在离群点，从而提高回归模型估计或预测的稳定性和精度[17]。现有许多离群点检测方法集中在统计学领域，比如 3σ 离群点检测[18,19]、Hampel 辨识器[20]识别异常点出现的位置、滑动窗口滤波器结合 Hampel 辨识器[21]、基于 PCA/PLS 的方法[22]，根据 99% 置信度进行 T^2 检验以及一些基于稳健估计[23]的方法等。

3. 数据漂移

根据漂移产生的原因，数据漂移可分为如下两类。①过程漂移，过程本身变化或一些外部条件变化。因为过程对象通常由一些机械零件组成，而这些零件在操作过程中会慢慢磨损，可能会影响过程本身。比如，由于机械泵的磨损，过程中两部分之间的流量会减小。外部条件变化则是指环境变化（例如天气）、输入材料的纯度变化、催化剂失活等，这些因素不仅影响数据质量，而且对过程状态也有影响，导致漂移的产生。②传感器漂移，是指测量装置变化，与过程本身无关。

数据漂移处理策略：观察单个变量均值和方差变化或数据关系结构变化[24]；自适应技术，如滑动窗口[25,26]；测量仪表的重新校准等。

4. 多重共线性

"多重共线性"一词最早由挪威经济学家弗里施（R. Frisch）于 1934 年提出，其原意是指回归模型中的一些或全部解释变量中存在的一种完全或准确的线性关系。而现在所说的多重共线性，除指上述提到的完全多重共线性外，也包括近似多重共线性[27]，如图 1.5 所示。

一般来说，完全多重共线性的情况并不多见，一般出现的是在一定程度上的多重共线性，即近似多重共线性。产生原因及危害如下：传感器安置的局部冗余、数据充足但信息缺乏、增加了模型的复杂性。在完全多重共线性下，参数估计量不存在；近似多重共线性下普通最小二乘估计量失效；多重共线性使参数估计值的方差增大，变大的方差容易使区间预测的"区间"变大，使预测失去意义。

多重共线性的处理策略主要有以下两种[4]：①特征提取，包括基于 PCA[28] 和 PLS[29] 的方法；②特征选择[30]，包括选择输入变量子集[31] 的方法。

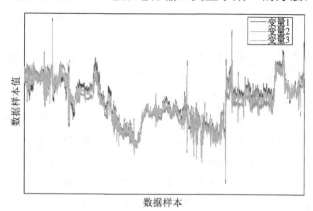

图 1.5 多重共线性

5. 多采样率和测量值滞后

不同的传感器通常工作在不同的采样频率下，因此需要对其进行同步[4]。数据同步通常由过程信息管理系统来掌握，而过程信息管理系统只有在观测变量变化比预设定阈值大的时候才记录新样本。阈值设定影响历史数据的质量，因为阈值太小将引起记录大量不必要的样本，而阈值太大又可能导致丢失重要的过程变化信息。流程工业数据的质量指标和操作参数之间存在较大的时间滞后[32]。在很多情况下，由于装置是连续生产的，因此很难得到操作参数与质量指标之间精确对应的数据记录。软测量通常应用于具有很多工作采样频率的多率系统[33]。经常有一些变量，而且通常是对过程控制非常重要的变量，是由慢采样和实验室获得的，这将引起过程建模和控制的问题。对于多率系统的处理方法一般采用多项式转换和提升技术[34,35]。

另外一个问题就是过程数据通常是相对过程滞后的测量值。过程之中的原料经过某个过程通常有个运行时间（如在反应器或者蒸馏塔中的滞留时间），因此同一时刻在不同位置测得两个不同的过程测量值是不合理的[36]。特殊测量值的滞后应该通过同步来补偿。为了实现同步，还需要扩展过程知识。对于间歇过程，一个特殊的问题是不同的过程有不同的运行时间。将数据驱动方法应用于间歇过程历史数据，则要求数据必须具有同样的长度（即同样数量的样本），而且也要同步。

6. 测量噪声

与商业、金融、保险、电信等数据中很少存在噪声污染不同，工业过程系统由于原料变化、负载变化、工艺条件改变、人为和环境因素、生产设备故障及测量仪器的精度等问题，使得工业过程数据不可避免地受到各种噪声的污染。测量噪声如图 1.6 所示，是工业过程数据中存在的普遍影响因素。

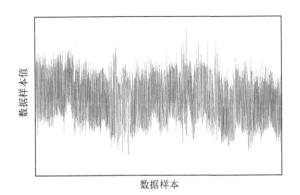

图 1.6　测量噪声

大多数软测量方法都是通过数据滤波过程消除其影响，比如使用算术平均滤波、滑动平均滤波技术等。PCA 和 PLS 方法也是处理测量噪声的有效工具。PCA 能够处理高斯噪声即零均值的随机分布[37]；稳健统计也有同样的应用，即采用中位值代替均值，并且用均值绝对偏差代替标准差来处理噪声数据。文献[38]显示稳健 PLS 建模方法对测量噪声增大时，仍能够保持较小的预测误差。

1.2.2　数据驱动建模方法

目前常用的数据驱动建模方法主要有 PCA、PLS、人工神经网络、模糊推理系统和支持向量机（support vector machine，SVM）等。

1. PCA

PCA 是一种掌握事物主要矛盾的统计分析方法，它可以从多元事物中解析出主要影响因素，揭示事物的本质，简化复杂的问题。PCA 是进行数据压缩和信息抽取的有利工具,其主要思想是在保证信息损失最小的前提下,将过程数据从高维数据空间投影到低维特征空间,从而消除冗余信息,有利于精简模型结构,提高模型运算速度。关于 PCA 的扩展和改进方法,可以分为非线性[39,40]和自适应[41,42]两类,如图 1.7 所示。

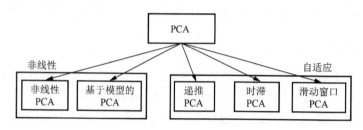

图 1.7   PCA 及其改进算法

尽管 PCA 是容易建立且有效的算法,它仍然有些不足和局限性。其中一个局限是 PCA 只能有效地掌握数据之间的线性关系而不能处理数据间的非线性关系。这个局限可以被上述改进算法来解决。另外一个问题是主元个数的选择,解决这个问题的常用算法是交叉验证。还有一个问题就是主元只是描述了输入空间数据,没有映射到用来建模的输出数据空间,一个解决方法由 PLS 算法给出。

2.   PLS

PLS 是一种新型的多元统计数据分析方法,它是沃尔德(S. Wold)和阿尔巴诺(C. Albano)等于 1983 年首次提出的[43]。近些年来,它在理论、方法和应用等方面都得到了迅速发展。PLS 是一种多因变量对多自变量的回归建模方法,特别当各变量集合内部存在较高程度的相关性时,用 PLS 进行回归建模分析,比对逐个因变量做多元回归更加有效,其结论更加可靠,整体性更强。在普通多元线性回归的应用中,我们常受到许多限制,最典型的问题就是自变量之间的多重相关性。如果采用普通最小二乘法,这种变量多重相关性就会严重危害参数估计,扩大模型误差,并破坏模型的稳健性。而 PLS 开辟了一种有效的技术途径,它利用对系统中的数据信息进行分解和筛选的方式,提取对因变量解释性最强的综合变量,辨识系统中的信息与噪声,从而更好地克服变量多重相关性在系统建模中的不良影响[44]。

使用普通多元回归时经常受到的另一个限制,是样本点数量不宜太少。一般来说该数目应是变量个数的两倍以上[45]。然而,在一些试验性的科学研究中,常常会有许多必须考虑的重要变量,但由于费用、时间等条件的限制,所能得到的样本点个数却远少于变量的个数。普通多元回归对在样本点数量小于变量个数时的建模分析是完全无能为力的,而这个问题的数学本质与变量多重相关性十分类似。因此,采用 PLS 方法,这个问题也可较好地得到解决[43]。与 PCA 类似,线性PLS方法只能处理数据之间的线性关系,因此也出现了一些改进的非线性算法,如图 1.8 所示[4]。

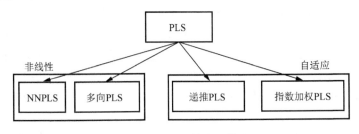

图 1.8 PLS 及其改进算法

3. 人工神经网络

人工神经网络(简称神经网络)是模拟人脑智能结构和功能而开发出来的非线性信息处理系统。它是在对人脑组织结构和运行机制的认知理解基础之上,模拟其结构和智能行为的一种工程系统。从结构上看,神经网络是由若干简单处理单元(即神经元)按照不同方式相互连接而构成的非线性动力系统,是对人脑或自然神经网络若干基本特性的抽象和模拟[46]。它具有高度的并行性和高速的信息处理能力,拓扑结构、节点特性和学习算法是确定一个神经网络的三个要素。作为人类智能研究的重要组成部分之一,它已经渗透到几乎所有的工程应用领域,参见文献[47]～文献[50]。工业过程常用的几种神经网络如图 1.9 所示。

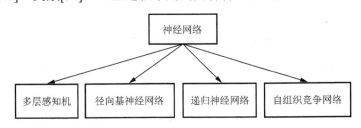

图 1.9 工业过程常用的神经网络

神经网络的一个缺点在于学习过程中容易陷入局部极小点,导致难以达到全局最优。另一个缺点在于难以选择最优的网络拓扑结构,目前没有方法确定隐含层节点数。还有一个问题是对学习知识的解释能力差,因为所学知识都分布在特定神经元的权值上,而不是人们理解的表达式。神经网络的泛化性能依赖于网格结构和模型参数,这种依赖不能用解析式清楚表达,而是依赖于数据的潜在信息。

4. 模糊推理系统

模糊推理系统又称模糊系统,是模拟人的日常推理的一种近似推理,用一系列 IF-THEN 规则来描述系统输入输出之间关系的非线性模型[51]。模糊理论模仿人脑逻辑思维特点，以模糊命题表示概念和知识，以模糊逻辑及其推理模拟人类思维并进行知识处理，是处理模型未知或具有不确定性的复杂系统的一种有效手段。20 世纪 90 年代初期，B. Kosko、L. X. Wang、J. J. Buckley 和 Y. Hayashi 先后独立证明不同类型的模糊逻辑系统是在紧致集上连续函数的万能逼近器，能够以任意精度逼近任意的连续实函数[52]。近年来，模糊系统通常与神经网络结合构成模糊神经网络以建立复杂过程的软测量模型。全局逼近器这一特点为模糊神经网络的广泛应用奠定了理论基础，模糊神经网络中保留了常规神经网络的结构，通过对网络的激活函数、权值、输入信号、输出信号等进行模糊化，使其既能表示定性知识，又具有自学习和处理定量数据的能力，因而适合处理一些复杂的非线性软测量问题[53,54]。

如何对模糊系统的模型结构和参数更新是一个值得研究的问题[55,56]，通过更新的方式，使新的局部模型对新的输入数据或新的状态有更好的适应能力[57]。

5. SVM

SVM 是一种基于输入输出数据的黑箱建模技术[58]，采用非线性映射把数据映射到一个高维特征空间，在该空间里进行线性建模。为避免过高维数带来的计算复杂性，引入核函数 $K(x_i, x)$，则带有高维核函数的线性回归问题为

$$f(x) = w \cdot K(x_i, x) + b \tag{1.1}$$

通过极小化目标函数：

$$\phi(w, \zeta^*, \zeta) = \frac{1}{2}\|w\|^2 + c\left(\sum_{i=1}^{l}\zeta_i + \sum_{i=1}^{l}\zeta_i^*\right) \tag{1.2}$$

从而获得最佳回归函数，其中 c 是一个事先确定的数，ζ 和 ζ^* 是表征系统输出上下限的松弛变量。

SVM 在解决小样本、非线性及高维模式识别中表现出许多特有的优势，并能够推广应用到函数拟合等其他机器学习问题中。然而，当处理较大数据集时，还有许多问题需要解决，比如训练过程的计算复杂度等。

1.2.3 混合建模方法

混合使用多种建模方法建立对象的数学模型，可以达到对各种方法取长补短的效果，目前已成为研究的热点。若有先验的物理知识可以利用，则尽量利用，以把黑箱模型转化成灰箱模型，从而把机理方法和数据驱动方法相结合。数据驱动方法可提取机理方法所无法解释的对象内部的复杂信息，而机理模型又可以提高数据驱动模型的推广能力[59]。近年来，机理和数据驱动相结合的混合建模方法广泛应用于复杂工业过程。混合建模有简单线性模型与非线性智能模型，如

SVM[60]相结合的方法；也有模糊规则与非线性智能模型，如神经网络[61]相结合的方法；主要还是以简化机理模型和神经网络相结合的方式居多[62-68]，分为串行和并行两种结构，如图1.10和图1.11所示。在建模过程中，x 为输入变量，y 为输出变量，z 为内部变量。

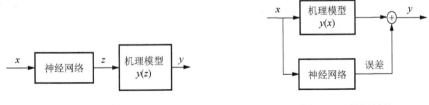

图 1.10　串行结构　　　　　　　　　图 1.11　并行结构

串行结构中，神经网络的输出作为机理模型的输入，主要是针对子过程中模型误差或中间某些参数获得较难的情况[69]。并行结构中，神经网络的输出与机理模型的输出求和作为最终的模型输出，作用是为了补偿机理模型的输出误差[70]。

1.3　软测量技术在液体组分浓度检测中研究现状

随着计算机技术和软测量技术的发展，近年来许多液体组分浓度软测量模型被提出。

文献[71]、[72]提出一种采用超声波谐振器测量甲醇浓度的方法。即根据甲醇浓度与共振频率之间的关系，采用三次样条插值技术对甲醇浓度进行标定，从而得出浓度与共振频率的对照表。

文献[73]通过机理分析和分段最小二乘法建立电解质溶液甘油浓度、温度与超声波声速、电容之间的软测量模型如下：

$$D_i = x_1 + x_2V_i + x_3C_i + x_4V_i^2 + x_5V_iC_i + x_6C_i^2 + x_7V_i^3 + x_8V_i^2C_i + x_9V_iC_i^2$$
$$+ x_{10}C_i^3 + x_{11}V_i^4 + x_{12}V_i^3C_i + x_{13}V_i^2C_i^2 + x_{14}V_iC_i^3 + x_{15}C_i^4 \tag{1.3}$$

$$T_i = y_1 + y_2V_i + y_3C_i + y_4V_i^2 + y_5V_iC_i + y_6C_i^2 + y_7V_i^3 + y_8V_i^2C_i + y_9V_iC_i^2$$
$$+ y_{10}C_i^3 + y_{11}V_i^4 + y_{12}V_i^3C_i + y_{13}V_i^2C_i^2 + y_{14}V_iC_i^3 + y_{15}C_i^4 \tag{1.4}$$

式中，D_i 和 T_i 分别表示第 i 个模型的甘油浓度和温度；V_i 表示超声波声速；C_i 表示电容；$x_1, x_2, \cdots, x_{15}$ 和 $y_1, y_2, \cdots, y_{15}$ 分别表示两个回归模型的待定系数。试验结果表明，分段最小二乘法有更好的精度，能获得更准确的结果。

文献[74]利用超声波和电导率，采用多元线性回归法测量牛乳中的乳脂、蛋白质和乳糖浓度，建立的多元线性回归方程如下：

$$\begin{cases} v = k_{00} + k_{01}F + k_{02}P + k_{03}L \\ \alpha = k_{10} + k_{11}F + k_{12}P + k_{13}L \\ \sigma = k_{20} + k_{21}F + k_{22}P + k_{23}L \end{cases} \tag{1.5}$$

式中，v 表示某种牛乳超声声速；α 表示某种牛乳超声衰减系数；σ 表示牛乳的电导率；F、P、L 分别表示乳脂、蛋白质和乳糖质量分数；$k_{00}, k_{01}, \cdots, k_{23}$ 表示待定模型回归系数。利用最小二乘法进行参数估计，随机抽取乳样的试验结果表明了方法的可行性。

文献[75]基于数字自校准算法提出采用三个电极测量三个互相校准的电容，从而实现制动液高度和水浓度的测量。

文献[76]根据超声波和电导率，采用三次自然样条插值和最小二乘法建立了溶液中食盐和蔗糖浓度软测量模型。即首先设计多功能传感器，并配制标准溶液，通过试验获得食盐和蔗糖浓度与超声波传播声时和电路电压（由电导率计算获得）之间的关系曲线，然后建立如下方程：

$$D_{N} = a_1 + a_2V_0 + a_3t + a_4V_0^2 + a_5t^2 + a_6V_0t + a_7V_0^3 + a_8t^3 + a_9V_0^2t + a_{10}V_0t^2 \tag{1.6}$$

$$D_{S} = b_1 + b_2V_0 + b_3t + b_4V_0^2 + b_5t^2 + b_6V_0t + b_7V_0^3 + b_8t^3 + b_9V_0^2t + b_{10}V_0t^2 \tag{1.7}$$

式中，D_N 和 D_S 分别表示食盐和蔗糖浓度；V_0 表示电路电压；t 表示超声波传播声时；$a_1, a_2 \cdots, a_{10}$ 和 $b_1, b_2, \cdots, b_{10}$ 分别表示两个回归模型的待定系数。试验结果表明，此多功能传感器可以完成渗透脱水过程中食盐和蔗糖浓度的软测量。

综上可见，根据溶液特性不同，所选取的辅助变量和建模方法也各不相同。软测量技术已被广泛应用于液体组分浓度检测，对实现其他液体组分浓度检测具有很好的借鉴意义。

2

铝酸钠溶液组分浓度检测方法
概述及软测量问题描述

2.1 铝酸钠溶液组分浓度检测方法概述

2.1.1 氧化铝及铝酸钠溶液简介

金属铝广泛应用于日常生活以及现代工业，如航天工业、交通运输业、建筑业等行业中。由于铝具有优越的性能和丰富的资源，它已成为21世纪的结构金属，在国民经济中占有重要地位。研究铝工业中一些关键参数的软测量方法，对于铝工业的运行优化控制[77,78]具有重要意义。

铝生产包括从铝土矿生产氧化铝和电解炼铝两个主要过程。电解炼铝对氧化铝的质量要求：一是氧化铝的纯度，二是氧化铝的物理性质。氧化铝的纯度是影响原铝质量的主要因素，同时也影响电解过程的技术经济指标。因此，随着铝产量的飞速剧增，作为电解铝原料的氧化铝工业也迅猛发展起来。

铝的化学性质活泼，它在自然界中只以化合物状态存在。铝土矿是生产金属铝的最佳原料，世界上生产的氧化铝95%是从铝土矿中提炼出来的。地壳中的含铝矿物有250种左右，其中约40%是各种盐，最重要的含铝矿物只有14~15种。世界铝土矿资源极其丰富，遍及五大洲40多个国家。据美国矿业局估计[79]，世界铝土矿资源总量（储量加次经济资源及推测资源）为550亿~750亿吨，主要分布在非洲160亿~200亿吨，大洋洲70亿~100亿吨，南美洲190亿~250亿吨，亚洲80亿~130亿吨，加勒比海地区20亿~30亿吨，欧洲30亿~40亿吨。铝土矿是一种组成复杂、化学成分变化很大的矿石，主要含铝矿物为三水铝石、一水硬水铝石和一水软水铝石，还含有不同数量的其他矿物，比如 SiO_2、Fe_2O_3、TiO_2 等。它是目前冶炼金属铝的主要矿石原料，应用的领域有金属和非金属（比重虽小，但用途广泛，主要是作耐火材料、研磨材料、化学制品及高铝水泥的原料）两个方面[80]。

中国铝土矿资源较丰富，基础储量居世界第九位，储量居世界第十一位，具备发展铝工业的资源条件[81]。中华人民共和国成立以来，中国氧化铝工业从无到有，从小到大，取得了很大成绩，先后建立了山东、郑州、贵州三个氧化铝厂。特别是在国家优先发展铝的方针指导下，陆续建成了山西、中州、平果等重点氧化铝企业，形成了六大氧化铝基地。中国铝土矿资源具有以下特点：高铝、高硅、低铁，大部分为一水硬铝石型铝土矿，铝硅比多数在 4.0～7.0，在 10.0 以上的优质铝土矿较少。

由于每生产 1 吨金属铝需要消耗近 2 吨氧化铝，未来需求将继续增长，氧化铝的供需矛盾日益突出，氧化铝工业已成为制约中国铝工业持续发展的瓶颈。目前中国氧化铝工业存在的主要问题如下[82]。

（1）优质砂状氧化铝产量较少。

随着中国加大对电解铝生产环境污染的治理，越来越多的电解铝厂采用干法净化技术，因此要求氧化铝产品质量更进一步提高，对优质砂状氧化铝（平均粒度较粗、粒度组成比较均匀、细粒子和过粗颗粒都较少、比表面积大、强度高、流动性好）的需求将会增大。目前，国内氧化铝产品多为中间状氧化铝，产品粒度较细，产品的磨损指数较大，只有平果铝业公司可稳定生产砂状氧化铝产品，远远满足不了电解铝生产的需要。

（2）能耗高、生产成本高。

能耗高低主要取决于生产方法，生产方法主要取决于矿石的铝硅比。国外铝土矿多为铝硅比较高的三水铝石，因此生产方法是流程简单的拜耳法，而中国铝土矿主要是中、低品位难溶的一水硬铝石，生产方法大多为流程复杂的混联联合法或烧结法。中国铝土矿性质决定中国氧化铝生产能耗比国外高。除此之外，中国氧化铝厂采用的单体设备规格小，装备水平低，能耗水平也比国外高。

（3）氧化铝企业的自动化程度较低。

近年来，氧化铝企业的生产规模越来越大，但除高压溶出引进先进管道化溶出装置和控制系统，氧化铝焙烧引进流态化焙烧系统外，其余各工序多为规模小、比较落后的装备及技术，各过程的自动检测与自动控制水平比较低，仅靠人工操作已不能达到良好的技术经济指标，与国际氧化铝企业的自动化水平相比差距仍较大。

氧化铝生产是中国有色金属工业中的重要支柱产业，实现一些关键参数的在线检测对于提高氧化铝工业的自动化水平和氧化铝产品的质量和产量具有重要作用。碱溶液在高温溶出铝土矿物时，氧化铝以 $Al(OH)_4^-$ 形式进入溶液，该碱性溶液即是铝酸钠溶液。分析氧化铝整个生产过程，铝酸钠溶液几乎贯穿整个流程，是氧化铝生产的重要中间产物之一。铝酸钠溶液的主要组分是苛性碱、氧化铝和碳酸碱，它们的浓度是控制氧化铝生产过程的重要技术指标，其在线检测对氧化铝生产中的许多工序，比如原矿浆制备、溶出、分解、蒸发、焙烧等均具有实时指导意义。因此，在现有技术条件下，如何实现对铝酸钠溶液组分浓度的在线检测，是目前氧化铝生产企业中备受关注也是亟待解决的重要问题。

2.1.2　铝酸钠溶液组分浓度检测研究现状及存在的问题

目前铝酸钠溶液中苛性碱、氧化铝及碳酸碱浓度的测定方法主要可以分为两大类：一类是基于试剂滴定原理的方法[83]，主要有光度滴定法、电位滴定法、热滴定分析法、试剂自动滴定分析法和流动注射分析法；另一类是脱离试剂滴定原理的方法，主要有温度电导法和电导密度超声波法。

1. 基于试剂滴定原理的方法

1）光度滴定法

光度滴定是在滴定过程中用光度计记录吸光度的变化（即颜色变化），从而求出滴定终点的容量分析方法。德国 Benscht 于 1967 年提出一种测定铝酸钠溶液主要成分的光度滴定法，该方法利用二羟基酒石酸 2,4-二硝基本基苯铬（又称 Alkalone I）作为 OH 的酸碱滴定显色剂，用 0.5mol/L 的 HCl 在波长 560nm 下进行光度滴定[83]。Richard 等于 1970 年提出了一种半自动分光光度法测定铝酸钠溶液中全碱、游离 OH 和铝的方法，该方法利用上述的 Alkalone I 作为 OH 的显示剂（显色反应由黄色变成紫褐色）进行分光光度法测定[83]。

2）电位滴定法

电位滴定法是采用 pH 玻璃电极作为指示电极，根据电位变化指示终点的方法，是一种经典的、比较成熟的自动分析方法。国外一些学者为将其用于铝酸钠溶液主要成分分析作了一些研究，有些已应用于氧化铝生产过程分析，如德意志联邦共和国和波兰的学者[84,85]。1982 年，Kowalski 等提出了铝酸钠溶液中苛性碱、氧化铝和碳酸碱的自动电位滴定分析方法[86]，即采用快速连续加入 HCl 的滴定方式，借助于自制的配有玻璃电极、参比电极、自动滴定管及机械搅拌器的数字电位滴定仪，以信号的二阶导数检测滴定曲线上的突跃点得到苛性碱、氧化铝及碳酸碱的浓度。这种方法的优点是只用一种试剂对一份试样进行自动连续滴定，即可得到苛性碱、氧化铝和碳酸碱三种组分的浓度，操作简便，分析效率高。缺点是由于受到离子强度的影响，需预先将试样适当稀释，自动化程度不高。另外，因为电位滴定分析易受到温度的影响，所以稳定性较差，尤其对苛性碱和碳酸碱测定的影响较大。

3）热滴定分析法

热滴定分析法的原理是 HCl 与铝酸钠溶液发生中和反应放出热量引起温度变化，根据温度变化与所加入 HCl 体积的关系确定过程终点，达到测定目的。20 世纪 20 年代,Dutoit 等建立了基于酸碱反应、沉淀反应、络合反应、氧化还原反应等的一系列热滴定分析技术。而铝酸钠溶液主要成分的热滴定分析则兴起于 20世纪 70 年代[83],1973 年 V. D. Eric 等先用酒石酸钠溶液将原始试样进行定量稀释,使稀释试样中的 NaOH 和 Al_2O_3 的浓度范围分别控制在 $0.1\sim0.6g/L$ 和 $0.06\sim0.26g/L$。在热滴定池中用 HCl 进行自动滴定,先得到全碱量,再加入 KF 溶液,使 $Al(OH)_3(C_4H_4O_6)_n^{2-}$ 中一定量的 OH 释放出来,继续用 HCl 滴定,由此得到氧化铝的浓度,终点以普通滴定曲线的一阶微分信号来检测。仪器系统包括一个恒流滴定管,一个热敏电阻器,一套微分信号产生、放大、控制、检测系统,一个搅拌器。HCl 以 5mL/min 的速度加入,整个过程(不包括预稀释过程)大概需要三分钟。加拿大的 Alcans Arvida 铝厂、法国的 Pechiney 公司均应用这一技术来进行氧化铝生产过程的控制分析。热滴定分析法在铝工业上的应用国内也有报道[87],对氧化铝生产过程实现仪表分析具有借鉴意义。

4)试剂自动滴定分析法

1984 年,美国铝业公司 Alooa 实验室的 Matocha 等研制成功一种称为"实验室自动分析仪(automated laboratory liquor analyzer,ALLA)"的分析系统来分析铝酸钠溶液中主要成分的浓度[88],其仪器系统包括:滴定仪、试剂分配器、加入 H_2O 和 KF 试剂的阀、氮气灌排系统(除去 CO_2 且隔离空气中的 CO_2)、八位置旋转式分样、进样装置、计算机控制系统等。整个分析过程如滴定、试剂分配和加入、试样交换和加入、计时、计算结果打印显示等均实现自动化,可以得到全碱、苛性碱、氧化铝的量及苛性比等结果。

在 ALLA 的基础上,Matocha 等又于 1989 年成功研制了一种铝酸钠溶液在线分析仪,其分析模式与 ALLA 基本相同,但改进了一些装置,试样和试剂溶液的操作采用泵阀结合管路流动系统,所有部件的动作均由微型机自动控制,具有自动校正功能,并可将数据直接送入生产过程控制系统,实现了铝酸钠溶液的在线监测。

5)流动注射分析法

流动注射分析法(flow injection analysis,FIA)是一项微量化学技术和自动化溶液处理技术,在非热力学平衡条件下,获取待测物定量信息的非色谱流动分析法。它通过 FIA 信号峰形与试样带 pH 梯度对应关系建立峰宽信号与浓度之间的关系。作为一项始于 20 世纪 70 年代的技术,具有试样和试剂消耗量少、易实现自动化、仪器简单、操作简便、快速、重现性较好等特点,在分析自动化和工业过程在线分析领域得到了日益广泛的应用。谭爱民等将传统滴定分析原理与流动注射分析仪器相结合,提出了新的自动微量滴定分析方法[89],并结合双波长检测实现了快速测定苛性碱浓度[90]。陈秋影等在此微量滴定方法的基础上,采用两次滴定并差减的方法实现了苛性碱、全碱的自动分析[91]。谭爱民等利用 FIA 微量滴定技术对铝酸钠溶液中的苛性碱和碳酸碱进行浓度测定，取得了较好的效果[92]。

综上，氧化铝生产过程铝酸钠溶液组分浓度滴定分析方法种类繁多，但大都属于离线测量，仪器管路较细，易结疤堵塞，导致精度逐渐下降。其中美国 Matocha 等开发的试剂自动滴定分析仪自动化程度较高，而且由于基于化学反应过程，精密度很高，但仪器系统结构复杂、造价昂贵、可靠性低、使用环境要求严格，并且维护成本较高，难以在中国氧化铝行业推广使用。

2. 脱离试剂滴定原理的方法

1）温度电导法

温度电导法是一种不借助于化学反应和酸碱滴定原理，直接通过测定铝酸钠溶液的物理参数——温度和电导率的检测方法。德国的 Bran-Lubbe 公司、加拿大 Alcans Arvida 氧化铝厂以及法国的 Pechiney 公司在这方面都有研究，而匈牙利铝业研究院的 Farkars 等在这方面做出了一系列研究工作，已经研制出了多种不同用途的仪器，而且已应用于铝酸钠溶液的自动检测。他们研制出一种提供温度补偿的仪器称为"震荡式电导变送器"，用来检测强电解质的电导率，其检测元件可安装在槽、罐等容器或管道上。在此基础上，研制了一系列用于检测和分析拜耳法氧化铝生产过程的溶液和赤泥浆的分析仪[93]。

（1）强碱液分析仪：测量苛性碱、氧化铝的摩尔比。

（2）精液分析仪：测量苛性碱的摩尔浓度比。

（3）循环溶液分析仪：测量摩尔浓度比。

（4）赤泥固含分析仪：测定固含。

（5）赤泥浆分析仪：同时测量赤泥浆中的固含和液相的摩尔浓度比。

然而，由于技术和资料保密，这些分析仪的具体测量原理不可知，无法模拟和仿效。并且由于国内外铝土矿特性的差异，直接使用国外设备并不可行，请国外专家对其进行改造成本又太高，不宜实施。

国内方面，文献[94]采用正交回归试验建立电导率 d 与苛性碱浓度 c_K、苛性比值 α_K 和温度 T 三因子的数学模型：

$$\begin{cases} d_1 = f(T_1, c_K, \alpha_K) \\ d_2 = f(T_2, c_K, \alpha_K) \end{cases} \tag{2.1}$$

式中，T_1 和 d_1、T_2 和 d_2 分别表示铝酸钠溶液的两种不同温度和电导率值。然后利用以下苛性比计算公式得到氧化铝浓度 c_A 的值：

$$\alpha_K = 1.645 \times \frac{c_K}{c_A} \tag{2.2}$$

文献[95]将其扩展，采用正交回归法建立电导率 d 与苛性碱浓度 c_K、氧化铝

浓度 c_A、碳酸碱浓度 c_C 和温度 T 四因子电导率数学模型:

$$\begin{cases} d_1 = f(T_1, c_K, c_A, c_C) \\ d_2 = f(T_2, c_K, c_A, c_C) \\ d_3 = f(T_3, c_K, c_A, c_C) \end{cases} \quad (2.3)$$

式中,T_1 和 d_1、T_2 和 d_2、T_3 和 d_3 分别表示铝酸钠溶液的三种不同温度和电导率值,采用牛顿迭代法解此方程组求解三种组分浓度。为了保证溶液的稳定性,一般选择测量溶液温度范围为 60～100℃。除此之外,为了提高方程组的求解精度,一般要求测量温度在两组以上,且温度间隔大于 5℃。文献[96]在此基础上,采用最速下降法求解此方程组,并设计了铝酸钠溶液组分浓度在线检测装置。然而,这类由三元二次方程组表示的非线性模型不仅求解难度大,且收敛速度慢,易陷入局部最优。

2)电导密度超声波法

美国德温特专利介绍了一种采用线性回归测量铝酸钠溶液三种组分浓度[97],即

$$\begin{cases} T_C = A_1 + A_2\rho + A_3\kappa + A_4V_S \\ T_A = B_1 + B_2\rho + B_3\kappa + B_4V_S \\ A_L = C_1 + C_2\rho + C_3\kappa + C_4V_S \end{cases} \quad (2.4)$$

式中,T_C 表示全碱(苛性碱与碳酸碱之和)浓度;T_A 表示苛性碱浓度;A_L 表示氧化铝浓度;ρ 表示溶液的密度;κ 表示溶液的电导率;V_s 表示超声波声速;A_1～A_4、B_1～B_4、C_1～C_4 为待定系数。这种方法需要测量溶液的密度、电导率和超声波的声速,成本相对较高。

综上两种脱离试剂滴定原理的方法,温度电导测定法相对电导密度超声波法简单,且成本较低,是实现中国氧化铝工业中铝酸钠溶液组分浓度在线检测的首选方法。但是目前可查到的国内外文献中,利用温度和电导率建立铝酸钠溶液组分浓度的软测量模型主要是采用正交试验和最小二乘回归的方法。这类建模方法存在以下问题。

(1)正交试验建立的是电导率模型,解方程组反求组分浓度会使误差增大。

正交试验并不是直接建立组分浓度的模型,而是通过建立电导率模型求解三种组分浓度。这种方式存在的问题是电导率模型的建立过程本身就存在一定的建模误差,反求组分浓度过程中又会使误差增大,导致模型精度较低。

(2)没有充分利用机理知识,建立电导率回归模型的过程较复杂。

正交试验建立的铝酸钠溶液电导率三因子或四因子回归模型,是以假设电导率是温度、苛性碱、氧化铝和碳酸碱浓度的二次函数为前提,然后利用试验数据采用最小二乘法进行系数回归。在系数求解完毕后,要进行整个方程和各个系数的显著性检验,得出最终的电导率模型。整个建模过程相对复杂,没有利用已有机理知识简化模型,比如氧化铝和碳酸碱浓度与电导率之间是一次函数关系。

（3）模型完全依赖于正交试验，没有充分利用现场数据，没有误差补偿模型或模型修正机制。

正交试验建立的电导率模型，完全依赖于试验过程。没有考虑现场因素，如矿石成分、原料变化、操作条件变化对模型的影响，没有建模误差补偿机制，并且模型也没有参数更新和修正等功能。在线使用时，会随着时间的推移，精度逐渐下降。

综上，由于国内外铝土矿特性的差异以及技术资料的欠缺，国内尚未实现温度电导法在线测定铝酸钠溶液组分浓度。目前国内氧化铝生产中，铝酸钠溶液组分浓度的检测基本上都是人工完成的，整个检测过程非常烦琐。化验室操作人员每隔两个小时从现场取样，然后在化验室用传统的试剂滴定分析对溶液各组分进行化学分析测定，根据检测结果，计算出各组分的浓度。所以，依据中国自身现有的客观条件，开展这方面的研究，以自动分析方法代替手工方法具有重要的现实意义。

2.1.3　铝酸钠溶液组分浓度主要研究内容

根据铝酸钠溶液组分浓度检测方法的研究现状和存在的问题，本书借鉴已有的液体组分浓度软测量建模方法和思路，研究以温度和电导率作为辅助变量的铝酸钠溶液组分浓度软测量方法，解决氧化铝生产过程中组分浓度难以在线检测的问题，为氧化铝生产过程各工序的产品质量控制奠定基础。

本书以原矿浆制备过程为例进行铝酸钠溶液组分浓度软测量方法的研究。在原矿浆制备过程中，铝酸钠溶液组分浓度是保证为高压溶出工序配制出合格原矿浆的重要因素，建立准确的铝酸钠溶液组分浓度软测量模型对于控制原矿浆的液固比和高压溶出以及其他后续工序的工艺指标均有重要意义，有利于提高氧化铝工业的产量质量。铝酸钠溶液组分浓度软测量概述如图 2.1 所示。

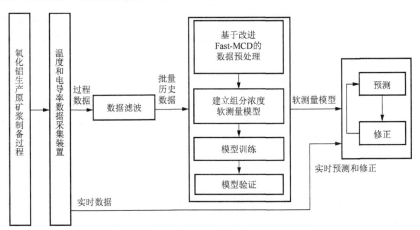

图 2.1　铝酸钠溶液组分浓度软测量概述

1. 基于改进 Fast-MCD 的数据预处理

针对测量数据中离群点的存在对建模精度的不利影响，研究了基于稳健估计的数据预处理算法。由于 Fast-MCD 算法的初值和分类个数随机给定，计算效率较低。因此，提出了基于模糊聚类的改进 Fast-MCD 稳健数据预处理方法。当样本数较小时，采用模糊聚类的聚类中心作为初始值，计算初始均值和协方差；当样本数较大时，还可以按照模糊聚类的结果将数据分类。采用这种方法对用来建模的温度和电导率数据进行分析，识别出数据中的离群点。与 Fast-MCD 算法相比，改进算法有更高的计算效率和识别精度，为下一步的铝酸钠溶液组分浓度软测量建模奠定了基础。

2. 铝酸钠溶液组分浓度软测量模型的建立和修正

（1）针对铝酸钠溶液组分浓度与温度、电导率之间存在的复杂的非线性关系以及机理模型参数难以获得的情况，考虑到此刻组分浓度与过去时刻存在动态关联的特点，提出一种基于 HRNNPLS 的数据驱动软测量建模方法。利用 PLS 算法处理输入变量之间的多重共线性问题，递归神经网络与 Hammerstein 模型形式相结合，描述组分浓度与温度、电导率之间的非线性和动态关系。根据输入到状态稳定性（input-to-state stability，ISS）分析，提出了基于误差反传的稳定学习算法，不仅能够实现模型参数的更新，而且能够保证建模误差的有界性。采用中国铝业河南分公司实际采集的现场数据进行了试验研究，结果表明了所提方法的有效性。

（2）通过对铝酸钠溶液组分浓度与温度、电导率之间关系的进一步机理分析，建立了苛性碱和氧化铝浓度机理近似模型，并设计正交试验确定了机理近似模型的参数。由于机理近似模型存在建模误差，故将 PCA 与 NN 方法相结合对建模误差进行补偿。针对 BP 算法存在收敛速度慢的缺点，采用椭球定界算法对其进行了改进，提高了收敛速度，同时可以更新模型参数并保证建模误差的有界性。针对碳酸碱浓度机理模型难以建立的情况，采用同步聚类与 TSK 模糊模型相结合，建立了碳酸碱浓度模糊计算模型，并提出了更新聚类中心和宽度以及 TSK 模型参数的稳定学习算法，保证了建模误差的有界性，实现了碳酸碱浓度的在线检测。以中国铝业河南分公司实际运行数据进行了试验研究，结果表明该软测量方法精度较高。

（3）将提出的两种铝酸钠溶液组分浓度软测量方法进行了比较研究，两种方法适用范围不同，且各有优缺点。机理和数据驱动相结合的混合建模方法充分地利用了机理知识，更有效地针对氧化铝生产过程，精度比 HRNNPLS 方法高。因此，本书采用混合建模方法进行工业试验。

3. 铝酸钠溶液组分浓度软测量软件系统的设计和开发

为了实现铝酸钠溶液组分浓度的在线实时检测，设计和开发了铝酸钠溶液组分浓度软测量软件系统，并在中国铝业河南分公司原矿浆制备工序进行了工业试验。试验结果表明所提混合软测量方法精度较高，满足生产工艺要求，对氧化铝厂具有实时指导意义。铝酸钠溶液组分浓度软测量方法研究内容安排如图 2.2 所示。

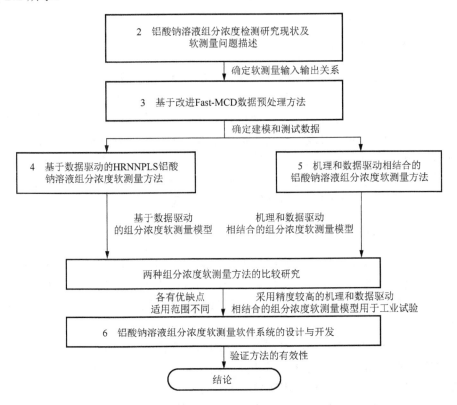

图 2.2　铝酸钠溶液组分浓度软测量的研究内容安排

2.2　铝酸钠溶液组分浓度软测量问题描述

氧化铝生产就是从铝土矿中提取氧化铝使之与杂质分离的过程。自然界中铝土矿及原料类型繁多，同一类型的铝土矿中各种杂质的含量又各有差异。为了最经济地生产氧化铝，对不同的铝土矿必须采取不同的生产方法。生产氧化铝的方法大致可分为碱法、酸法和电热法等几种[98]。

1. 碱法生产氧化铝

碱法生产氧化铝就是用碱（NaOH 或 Na_2CO_3）处理铝土矿，使矿石中的氧化铝和碱反应生成铝酸钠溶液。矿石中的铁、钛等杂质和绝大部分的二氧化硅则成为不溶性的化合物进入固体残渣中。因为这种残渣被氧化铁染成砖红色，故称为赤泥。与赤泥分离后的铝酸钠溶液，经净化处理后，可以分解析出氢氧化铝，将氢氧化铝与碱液分离经过洗涤和焙烧后即获得产品氧化铝。分离氢氧化铝后的碱液称为母液，可以用来处理下一批矿石，因而也称为循环母液。

2. 酸法生产氧化铝

酸法生产氧化铝就是用硫酸、盐酸、硝酸等无机酸处理铝土矿，得到该酸的铝盐水溶液，然后用碱中和这些盐的水溶液，使铝成为氢氧化铝析出，焙烧氢氧化铝或各种铝盐的水合物晶体，从而得到氧化铝。存在于矿石中的铁、钛、钒、铬等杂质与酸作用进入溶液中，这不但引起酸的消耗，而且它们与铝盐的分离是困难的。氧化硅绝大多数成为不溶物质进入残渣中与铝盐分离，但少量成为硅胶进入溶液，铝盐溶液需要脱硅，而且需要昂贵的耐酸设备。用酸法处理铝土矿，在原则上是合理的，在铝土矿资源缺乏的情况下可以采取此法。

3. 电热法生产氧化铝

电热法生产氧化铝是在电炉中熔炼铝土矿和碳的混合物，使矿石中的氧化铁、氧化硅、氧化钛等杂质还原，形成硅合金，而氧化铝则呈熔融状态的炉渣上浮，由于密度不同而分离，所得氧化铝渣再用碱法处理提取氧化铝。此法适于处理高硅高铁铝土矿。

随着铝工业的迅速发展，生产氧化铝的原料来源在不断扩大，新的生产氧化铝的方法亦随之提出，如处理霞石和高硅高铁铝土矿的高压水化法及添加还原剂的碱石灰烧结法，还有综合利用明矾石的还原焙烧法和氨碱法等。

本章 2.2.1 节对氧化铝生产工艺过程进行了描述，2.2.2 节描述了原矿浆制备过程铝酸钠溶液组分浓度检测过程，2.2.3 节对组分浓度软测量进行了问题描述，2.2.4 节通过铝酸钠溶液组分浓度的特性分析，阐述了组分浓度与温度、电导率之间的关系，2.2.5 节指出了实现铝酸钠溶液组分浓度软测量存在的难度。

2.2.1 氧化铝生产工艺过程描述

目前工业上几乎全部采用碱法生产氧化铝，基本过程如图 2.3 所示[98]。

一般有以下几种碱法生产氧化铝。

（1）拜耳法（湿化学法）：最经济，需要高质量的铝土矿，即适用于优质铝土矿。

（2）烧结法：最昂贵，较为万能，适用于任何低品位（高硅和高铁）铝土矿。

（3）拜耳-烧结联合法：又分为并联联合法、串联联合法及混联联合法三种。综合了拜耳法和烧结法两种方法的优点，其经济技术指标介于拜耳法和烧结法之间，适用于各种铝土矿。

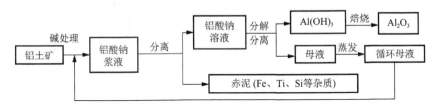

图 2.3 碱法生产氧化铝基本过程

拜耳法是 1889～1892 年奥地利的 K. J. Bayer 发明的用苛性碱溶液直接浸出铝土矿生产氧化铝的方法。采用拜耳法生产氧化铝已有 100 多年的历史，随着科学的发展、新技术的应用，这一方法已经有了很大的发展和改进。目前，它仍是世界上生产氧化铝的主要方法之一。拜耳法用于处理低硅铝土矿（一般要求铝硅比 $A/S > 7.0$），特别是用在处理三水铝石型铝土矿时有流程简单、作业方便、能量消耗低、产品质量好等优点。

拜耳法生产氧化铝的原理简述如下：将铝土矿、循环母液及石灰按一定的比例混合磨制成原矿浆，在高温高压的工艺条件下，利用苛性碱溶液将铝土矿中的氧化铝溶解出来，生成铝酸钠溶液，所制得的铝酸钠溶液再添加氢氧化铝做种子，在降温和搅拌的条件下进行分解得到氢氧化铝，氢氧化铝焙烧得到氧化铝，分解剩下的母液经蒸发后再用来溶出新的一批铝土矿[99]。氧化硅等杂质称为赤泥，经洗涤后外排或用于烧结法配料。拜耳法生产氧化铝流程如图 2.4 所示，主要由原矿浆制备、高压溶出、稀释、赤泥分离、晶种分解、分级与洗涤、焙烧、蒸发等工序组成，详述如下。

1. 原矿浆制备

首先将铝土矿破碎到符合要求的粒度≤25mm（如果处理一水硬铝石型铝土矿需加少量的石灰 7%～9%），与含有游离的 NaOH 的循环母液按一定比例配合一起送入湿磨内进行细磨，制成合格的原矿浆，并在矿浆槽内预热和贮存。

2. 高压溶出

原矿浆经预热后（预脱硅）进压煮器组（或管道溶出器设备），在高温、高压、高碱下溶出。铝土矿内所含氧化铝溶解成铝酸钠进入溶液，而氧化铁和氧化钛以及大部分的二氧化硅等杂质进入固相残渣即赤泥中。溶出所得矿浆称压煮矿浆，经自蒸发器减压降温后送入稀释槽（溶出后槽）。

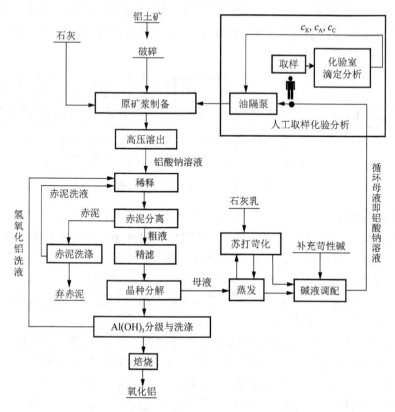

图 2.4　拜耳法生产氧化铝流程

3. 压煮矿浆的稀释及赤泥的洗涤和分离

压煮矿浆含氧化铝浓度高，为了便于赤泥沉降分离和下一步晶种分解，首先加入赤泥液将压煮矿浆进行稀释（称赤泥浆液），然后利用沉降槽进行赤泥与铝酸钠溶液的分离。分离后的赤泥经过几次洗涤回收所含的附碱后排到赤泥堆场（国外有的排入深海），赤泥洗液用来稀释下一批压煮矿浆。

4. 晶种分解

分离后的铝酸钠溶液（生产上称粗液）经过进一步过滤净化后制得精液，经过板式热交换器冷却到一定温度，在添加晶种的条件下进行分解，结晶析出氢氧化铝。

5. 氢氧化铝的分级与洗涤

铝厂设有沉降槽对分解后所得的氢氧化铝浆液进行分级。利用旋流筛进行分级，细粒 $Al(OH)_3$ 作为晶种，送往分解槽做种子。粗粒 $Al(OH)_3$ 经过过滤分离和洗涤，取得 $Al(OH)_3$ 送往焙烧工序进行焙烧。分离的铝酸钠溶液称之为分解母液，经板式热交换器送到蒸发工序进行浓缩（脱水），$Al(OH)_3$ 洗液送到沉降槽作为洗液。

6. 氢氧化铝焙烧

氢氧化铝含有部分附着水和结晶水，经过高温焙烧后在 1000℃ 以上的温度进行，先脱附着水后脱结晶水，并进行一系列的晶相转变，制得含有一定 α-Al_2O_3 和 γ-Al_2O_3 的产品氧化铝。

7. 母液蒸发和苏打苛化

预热后的分解母液经板式降膜蒸发器浓缩后，得到符合要求浓度的循环母液，补加一部分苛性碱返回管磨（或格子磨）进行配料，准备溶出下一批铝土矿，周而复始地进行。母液蒸发过程中有一部分 $Na_2CO_3 \cdot H_2O$ 结晶析出，为了回收这部分碱，将 $Na_2CO_3 \cdot H_2O$ 与水解后加石灰配成石灰乳进行苛化生成 $NaOH$ 送入洗涤沉降槽。

总结拜耳法生产氧化铝的实质也就是下述反应在不同条件下的交替进行：

$$Al_2O_3 \cdot xH_2O + 2NaOH + (3-x)H_2O \rightleftharpoons 2NaAl(OH)_4 \tag{2.5}$$

正向反应是循环的铝酸钠碱溶液经蒸发浓缩后在高温下溶出铝土矿时进行的，铝土矿中所含的一水或三水氧化铝在一定条件下以铝酸钠形态进入溶液。逆向反应是在加入晶种、降温不断搅拌的条件下发生的析出氢氧化铝沉淀的水解反应。

纵观整个氧化铝生产过程，铝酸钠溶液几乎贯穿整个生产流程，是氧化铝生产过程中的重要中间产物，很多工序都需要实时检测铝酸钠溶液的组分浓度。比如，苛性碱浓度 c_K、氧化铝浓度 c_A 在原矿浆制备、溶出、分解、蒸发等工序对于控制液固比、溶出率、分解率、苛性比值等生产过程的工艺指标具有重要作用；碳酸碱浓度 c_C 对于控制溶出率、分解率、抑制赤泥膨胀、改善赤泥沉降性能等方面具有重要作用。由此可见，实现氧化铝生产过程各工序中铝酸钠溶液组分浓度的实时检测，对于提高整个氧化铝生产过程的综合自动化水平、降低工人劳动强度、节省化验成本、实现氧化铝工业稳定高产都是至关重要的。然而，由于氧化铝生产过程中要检测铝酸钠溶液组分浓度的工序比较多，每个工序都有自己的特点，且相互之间较难借鉴。为了避免重复研究每个工序的铝酸钠溶液组分浓度检测问题，有必要研究一种通用的、适用于氧化铝生产过程各个工序的铝酸钠溶液组分浓度软测量方法。作为试验性研究，本书选择对整个流程最重要的第一道工序即原矿浆制备工序。

2.2.2 原矿浆制备过程铝酸钠溶液组分浓度检测过程描述

原矿浆制备工序是拜耳法生产工艺中从铝土矿中提取氧化铝的第一道工序，它的主要任务是为拜耳法生产配制出合格的原矿浆，其工艺流程简图如图 2.5 所示。

所谓的原矿浆制备，就是把拜耳法生产氧化铝所用的原料，如铝土矿、石灰、铝酸钠溶液等按照一定的比例配制出化学成分、物理性能都符合溶出要求的原矿浆。从生产工艺角度出发，对原矿浆制备工序的物料有如下要求。

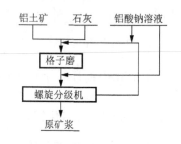

图 2.5 原矿浆制备工艺流程简图

（1）参与化学反应的物质之间要有一定的配比和均匀的混合。

（2）参与化学反应的物料要有一定的细度。能否配置出合格的原矿浆，直接影响到氧化铝的溶出率和矿石单耗。

原矿浆制备工序的具体生产工艺过程是首先将铝土矿破碎到符合要求的粒度，再将经过破碎的铝土矿和石灰由送料皮带送入料仓，然后利用板式饲料机将其送入格子磨，铝土矿和石灰的进料量是通过控制板式饲料机的速度来调节的。另外，铝酸钠溶液（包括补充苛性碱、蒸发、种分等工序返回的循环母液）进入母液槽后，利用油隔泵将其送入格子磨和分级机，通过变频器来控制油隔泵以调节循环母液的流量。铝土矿、石灰以及循环母液进入格子磨后，通过不停地搅拌、细磨，成为具有一定细度、配比和均匀度的混合矿浆。磨细后的原矿浆与一定量的循环母液同时送入分级机，将各种不同大小、不同形状和不同比重的混合颗粒分级。经过分级处理后，符合要求的颗粒被输送到缓冲槽供给高压溶出工序，不合要求的较粗颗粒送回格子磨再磨。原矿浆制备工艺流程如图 2.6 所示。

原矿浆制备对不同产地的铝土矿、不同溶出工艺的原矿浆，技术指标要求[100]也不同。技术指标一般包括固含、细度、配钙等。如某厂要求：固含，300～400g/L；细度，+300μm ≤1%（即 60#筛上残留≤1%），+63μm ≤25%（即 230#筛上残留≤25%）；配钙，生产上要求石灰添加量为铝土矿重量的 7%～9%（也有添加更多的）。各指标对氧化铝生产的具体影响如下。

（1）固含高低变化显示铝土矿与循环母液配比的变化，固含高即铝土矿多，配碱量少，固含低即铝土矿少，配碱量多。生产上通常会在矿浆进入高压溶出之前进行固含调整。否则固含高将会影响铝土矿溶出反应完全程度，降低溶出率，增大赤泥量，降低氧化铝回收率；固含低会使溶出苛性比值升高，造成分解困难，降低分解率和循环效率。

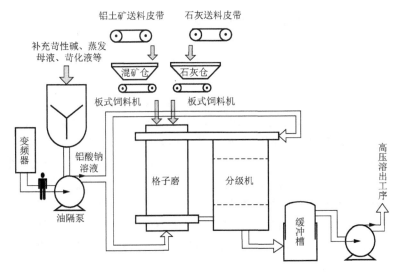

图 2.6 原矿浆制备工艺流程

（2）矿浆细度跑粗将会加速管道磨损，使预脱硅槽沉淀增多，影响铝土矿溶出反应完全程度。矿浆细度过细将使溶出赤泥变细，使赤泥沉降性能变差，影响拜耳法赤泥的沉降分离作业。

（3）矿浆中每吨铝土矿中石灰的配入量要适中，以保证溶出过程中消除 TiO_2 的危害。加入量不足时，将会降低溶出率，加入量过高，游离的 CaO 会造成 Al_2O_3 的损失。

根据这些指标的影响，确定原矿浆配料最终是控制铝土矿、石灰的进料量以及铝酸钠溶液的流量。实际生产中主要反映在两个指标上，即每吨铝土矿中石灰的配入量 W 以及原矿浆的液固比 L/S。原矿浆中配入石灰的主要目的是除去铝土矿中的氧化钛，因此石灰配入量以铝土矿中氧化钛质量分数来计算。高压溶出铝土矿时，如果没有添加石灰，TiO_2 与苛性碱反应，生成不溶性的钛酸钠，当原矿浆中有足够的石灰时，则不生成钛酸钠，而与 CaO 反应生成不溶性的钛酸钙，其化学方程式为

$$2CaO + TiO_2 + 2H_2O \Longrightarrow 2CaO \cdot TiO_2 \cdot 2H_2O \qquad (2.6)$$

实际应用中，W 有一个经验范围 $[W_1, W_2]$，根据化学反应方程式，要求氧化钙与氧化钛的分子比为 2，因此，一吨铝土矿中石灰配入量 W 为

$$W = \frac{2 \times 1000 W_{Ti} \times 56}{W_{Ca} \times 80} \times 100 = 140000 \frac{W_{Ti}}{W_{Ca}} \qquad (2.7)$$

式中，W_{Ti} 为铝土矿中氧化钛的质量分数；56 和 80 分别为氧化钙和氧化钛的分子量；W_{Ca} 为石灰中氧化钙的质量分数。一般石灰加入量为矿石重量的 7%～9%。

液固比 L/S 是原矿浆中液相重量 L 与固相重量 S 的比值。当循环母液的密度

为 ρ (kg/m³)时，处理一吨铝土矿需要 Q m³ 的循环母液，配入 W kg 的石灰，则原矿浆的液固比为

$$\frac{L}{S} = \frac{Q \cdot \rho}{1000 + W} \qquad (2.8)$$

流量与密度相乘为液含，一般情况下，固含基本确定。生产过程中，如果球磨机内液固比大，磨内矿浆流动速度快，矿石得不到充分的研磨；磨内液固比控制过小，虽然矿浆在磨内停留时间延长了，但影响球磨机的产能。实际应用中，原矿浆配料的液固比大小主要是由生产调度部门根据磨矿石、石灰人工取样化验分析结果，和其下道工序高压溶出所要达到的指标等参数确定。然后通知生产工人根据此液固比调整入磨矿石和石灰的下料量及母液流量，再通过对出磨矿石取样分析液固比，对入磨物料作下次调整。工厂考察原矿浆合格的指标是液固比，而原矿浆的液固比 L/S 通常是根据铝酸钠溶液的组分浓度调节原矿浆配碱量来保证。

在氧化铝生产过程中，单位矿石所需要的循环母液量（铝酸钠溶液）称为配碱量。生产中，要求溶出液具有一定的苛性比值，此指标根据生产条件确定。配碱量的理论计算是以高压溶出过程为依据的，主要考虑以下三方面的用碱量[101,102]。

1. 大部分苛性碱用于溶出铝土矿中的氧化铝

中国铝土矿主要成分是一水硬铝石，分子式是 $\alpha\text{-AlOOH}$ 或 $\alpha\text{-Al}_2\text{O}_3 \cdot \text{H}_2\text{O}$，每个氧化铝分子只含有一个分子的结晶水。氧化铝的溶出，就是用苛性碱溶液把铝土矿中的氧化铝溶出来，发生的主要化学反应就是一水硬铝中的 AlOOH 与 NaOH 反应生成 NaAl(OH)_4 进入溶液：

$$\text{AlOOH} + \text{NaOH} + \text{aq} \longrightarrow \text{NaAl(OH)}_4 + \text{aq} \qquad (2.9)$$

铝酸钠又称偏铝酸钠，化学式 NaAlO_2，在一定苛性碱浓度和温度下都可以在苛性碱水溶液中稳定存在，形成铝酸钠溶液。铝酸纳溶液中绝大部分苛性碱用于溶出铝土矿中氧化铝，计算公式如下：

$$M_{\text{K1}} = \frac{62}{102} \times (1000 W_{\text{Al}} - b \cdot 1000 W_{\text{Si}}) \cdot \alpha_{\text{K0}} \qquad (2.10)$$

式中，62、102 分别为氧化钠与氧化铝的分子量；W_{Al}、W_{Si} 分别为铝土矿中氧化铝和氧化硅的质量分数；b 为生产中要求的溶出赤泥铝硅比；α_{K0} 为生产中要求的溶出液苛性比值。铝酸钠溶液的苛性比值是溶液中苛性碱含量（以 Na_2O 记）和氧化铝含量的摩尔比，换算成浓度后，计算公式如下：

$$\alpha_{\text{K}} = 1.645 \times \frac{c_{\text{K}}}{c_{\text{A}}} \qquad (2.11)$$

式中，c_{K} 为循环母液中苛性碱浓度，g/L；c_{A} 为循环母液中氧化铝浓度，g/L。苛

性比值 α_K 可以用来表示铝酸钠溶液中氧化铝的饱和程度以及溶液的稳定性，是铝酸钠溶液的一个重要特征参数，而且它在氧化铝生产过程中是一个重要的技术指标。

2. 与氧化硅反应生成钠硅渣进入赤泥

杂质 SiO_2 在溶出过程中与 NaOH 溶液反应，最终生成易溶于水的硅酸钠：

$$SiO_2 + 2NaOH =\!=\!= Na_2SiO_3 + H_2O \qquad (2.12)$$

氧化硅带走的苛性碱计算公式如下：

$$M_{K2} = d \cdot 1000W_{Si} \qquad (2.13)$$

式中，d 为生产中要求的溶出赤泥钠硅比。

3. 反苛化反应和机械损失的苛性碱

在溶出过程中，发生的反苛化反应如下：

$$CO_2 + 2NaOH =\!=\!= Na_2CO_3 + H_2O \qquad (2.14)$$

除此之外，还应考虑氧化钠的机械损失等，消耗的苛性碱为

$$M_{K3} = M_x \qquad (2.15)$$

因此，在氧化铝高压溶出过程中，一吨铝土矿需要消耗苛性碱的总量。用 M_K（kg）表示如下：

$$M_K = M_{K1} + M_{K2} + M_{K3} = 0.608 \times (1000W_{Al} - b \cdot 1000W_{Si}) \cdot \alpha_{K0} + d \cdot 1000W_{Si} + M_x$$
$$(2.16)$$

但配料时加入的碱并不是纯苛性碱，而是生产中返回的循环母液。循环母液中除苛性碱以外，还有氧化铝、碳酸碱和硫酸钠等成分。所以，循环母液中将有一部分苛性碱与母液中的氧化铝化合成惰性碱。剩下的部分才是游离苛性碱，它对配料才是有效的。因此，循环母液中有效苛性碱的浓度可用式（2.17）来计算：

$$n_K = c_K - \alpha_{K0} \cdot c_A / 1.645 \qquad (2.17)$$

式中，n_K 为循环母液中有效苛性碱的浓度，g/L。那么，处理一吨铝土矿需要的循环母液流量 Q（m^3）的计算公式如下：

$$Q = \frac{M_K}{n_K} = \frac{0.608 \times (1000W_{Al} - b \cdot 1000W_{Si}) \cdot \alpha_{K0} + d \cdot 1000W_{Si} + M_x}{c_K - \alpha_{K0} \cdot c_A / 1.645} \qquad (2.18)$$

由此可见，加入原矿浆制备工序的铝酸钠溶液流量是与其组分浓度密切相关的，为了将液固比控制在目标值范围内，为高压溶出提供合格的原矿浆，必须按照铝酸钠溶液的苛性碱浓度 c_K 和氧化铝浓度 c_A 来控制流量，而碳酸碱浓度 c_C 影响氧化铝水合物的溶出，还会使溶液的黏度增大并在蒸发时析出。

综上，由于原矿浆制备工序主要通过铝酸钠溶液组分浓度来调节加入格子磨的液体流量，从而控制原矿浆的液固比。因此，铝酸钠溶液组分浓度的实时检测

对于原矿浆制备尤其重要，如果组分浓度测量得不及时，那么加入格子磨的液体流量就会控制的不准确，导致难以配制出合格的原矿浆。而原矿浆制备在拜耳法氧化铝生产中是最基础、最重要的一道工序，对后续工序具有较大影响。配制的原矿浆品质好坏，直接影响到后续工序中氧化铝的溶出率，影响赤泥沉降性能、种分分解率、氧化铝的回收率等技术经济指标[103]。因此，对于整个氧化铝生产过程来说，首先要实现原矿浆制备过程中铝酸钠溶液组分浓度的实时检测，保证为高压溶出工序配置合格的原矿浆。

然而，目前国内还没有任何仪表能直接检测出铝酸钠溶液的组分浓度，氧化铝厂还是主要采用如图 2.4 所示的人工定时取样（每隔两个小时一次）、化验室试剂滴定分析的方法。该类方法是检测铝酸钠溶液中各组分浓度的经典分析方法。早在 1911 年就由 Craig 提出了一种传统的滴定，后来又由 Graham、Bushey 改进，它们都是通过化验室酸碱滴定的方法来测定铝酸钠溶液中的碱和铝量。目前，中国铝业河南分公司采用的滴定分析步骤如下。

1. 酸碱滴定法测定苛性碱量

往铝酸钠溶液中加入 $BaCl_2$（50g/L），使碳酸钠生成碳酸钡沉淀，以"绿光–酚酞"为指示剂，用 HCl 标准溶液（0.3227mol/L）直接滴定溶液中的苛性碱，滴定至浅灰绿色即为终点。其主要反应如下：

$$Na_2CO_3 + BaCl_2 \longrightarrow BaCO_3 \downarrow + 2NaCl \tag{2.19}$$

$$Na_2SO_4 + BaCl_2 \longrightarrow BaSO_4 \downarrow + 2NaCl \tag{2.20}$$

$$NaOH + HCl \longrightarrow NaCl + H_2O \tag{2.21}$$

$$NaAlO_2 + HCl + H_2O \longrightarrow NaCl + Al(OH)_3 \tag{2.22}$$

操作步骤：

（1）用移液管移取定量的铝酸钠溶液于 250mL 锥形瓶中，然后加入约 60mLBaCl_2 溶液以消除铝酸钠溶液中 CO_3^{2-} 对滴定结果的影响。

（2）加入 0.5mL 绿光–酚酞指示剂，溶液变为紫红色，用盐酸标准溶液进行滴定至浅绿色即为滴定终点。苛性碱浓度 c_K（g / L）的计算公式如下：

$$c_K = \frac{10V_1}{V_0} \tag{2.23}$$

式中，V_1 为滴定时消耗盐酸标准溶液的体积，mL；V_0 为移取试样相当于铝酸钠溶液原液的体积，mL。

2. EDTA 络合滴定法测定氧化铝量、酸碱滴定法测定全碱量

在试样溶液中加入过量的乙二胺四乙酸（ethylene diamine tetraacetic acid,

EDTA）和盐酸，加热使反应完全，先用氢氧化钠标准溶液回滴过量的盐酸，再用硝酸锌标准溶液回滴过量的 EDTA 以测定氧化铝。其反应如下：

$$NaOH + HCl \longrightarrow NaCl + H_2O \qquad (2.24)$$

$$Na_2CO_3 + 2HCl \longrightarrow 2NaCl + CO_2\uparrow + H_2O \qquad (2.25)$$

$$NaAl(OH)_4 + NaH_2Y + HCl \longrightarrow Na_2Al(OH)Y + 3H_2O + NaCl \qquad (2.26)$$

由以上反应可知，在 pH=8.2 时，所消耗盐酸的量恰好等于中和全碱的量。但是在溶液中还有过剩的 EDTA，过剩的 EDTA 在回滴到 pH=8.2 时起着一元酸的作用。

$$H_2Y^{2-} + OH^- = H_2O + HY^{3-} \qquad (2.27)$$

由于回滴硝酸锌的量和过剩 EDTA 的量相等，因此可根据回滴硝酸锌的量对全碱的结果加以补正，操作步骤如下。

（1）移取定量的铝酸钠溶液于 250mL 锥形瓶中，加入一定量的 EDTA 标准溶液，加入 15～20mL 盐酸标准溶液，加入 8 滴酚酞乙醇指示剂。

（2）把试样放电炉上加热至沸腾，使二氧化碳完全除去，趁热用氢氧化钠标准溶液回滴，当溶液颜色变为微红色为滴定终点。

（3）加入约 10mL 乙酸–乙酸钠缓冲溶液，3 滴二甲酚橙指示剂，溶液变为亮黄色，用硝酸锌标准溶液回滴到红色即为终点。

分析结果的计算如下。

氧化铝浓度 c_A：

$$c_A = \frac{5V_1 - 1.645V_2}{V_0} \qquad (2.28)$$

全碱（苛性碱与碳酸碱的总和）浓度 c_T：

$$c_T = \frac{10(V_4 - V_3) + V_2}{V_0} \qquad (2.29)$$

式中，V_1 为加入 EDTA 标准溶液的体积，mL；V_2 为回滴时消耗硝酸锌标准溶液的体积，mL；V_3 为回滴时消耗氢氧化钠标准溶液的体积，mL；V_4 为加入盐酸标准溶液的体积，mL；V_0 为移取试样相当于铝酸钠溶液原液的体积，mL。

碳酸碱（全碱与苛性碱之差）浓度 c_C：

$$c_C = c_T - c_K \qquad (2.30)$$

2.2.3 原矿浆制备过程铝酸钠溶液组分浓度软测量问题描述

氧化铝拜耳法生产过程属于典型的复杂连续工业过程，生产过程是连续的，上工序的产品是下工序的加工对象。由于工艺流程的连续性，流程中任一工序的误差最终均反映在产品上，且流程中任一工序的变化均对关键工序产生影响。因此，要提高整个流程的工作效率，必须研究各工序之间的合理化与优化。作为铝酸钠溶液组分浓度在线检测的试验研究，首先要选择对于整个流程最重要的工序进行组分浓度在线检测试验。原矿浆制备和高压溶出是整个氧化铝生产过程中最为关键的部分。原矿浆制备的任务就是为溶出工序提供合格的原矿浆，只有原矿浆制备过程中的配料合理，才能保证高压溶出质量较高，使整个氧化铝工业稳定高产。因此，选择在线检测原矿浆制备工序的铝酸钠溶液组分浓度对整个生产过程至关重要，也很有意义。

由于没有任何仪表能直接检测出铝酸钠溶液的组分浓度，中国铝业河南分公司原矿浆制备工序主要是采用化验室试剂滴定分析的结果来进行母液流量控制。虽然滴定化验的组分浓度准确度较高，但是取样时间间隔较长，滞后较大，难以提供及时、有效的组分浓度反馈信息，即用来作为参考的铝酸钠溶液组分浓度的化验分析结果，已经不是当前溶液的真正浓度，用它来调整流量，会使配料不准确，对指导原矿浆制备生产非常不利，导致整个生产流程的实时控制陷入被动，配料合格率较低，一般在 40%～60%，从而造成氧化铝生产效率低。同时化验室滴定分析的工作量较大，并且消耗大量的化学试剂。

实现原矿浆制备过程的铝酸钠溶液组分浓度软测量，不仅可以了解当前的溶液浓度状况，指导原矿浆配料，优化高压溶出工况，而且也可以为调整后面工序的生产条件提供依据，从而保证整个氧化铝工业稳定高产。然而，如图 2.6 所示，配料过程中加入的铝酸钠溶液不仅包括补充的苛性碱，蒸发工序返回的蒸发母液、苛化后返回的苛化液，而且还有其他工序不定期返回的其他溶液等。溶液来源分散，具有不确定性，并且各溶液组分浓度差异较大，均不可在线检测，这些情况导致这种混合母液的组分浓度软测量很难采用过程本身的变量如压力、流量、配碱量、石灰量等作为辅助变量来进行检测（因为来源中的每一种溶液都是组分浓度不同的铝酸钠溶液，跟所属工序有关）。因此，如何根据铝酸钠溶液本身的物理化学特性，采用软测量方法来实现铝酸钠溶液组分浓度的在线检测，对于原矿浆配料工序具有重要作用。

影响软测量性能的因素如图 2.7 所示。软测量的核心是表征辅助变量和主导变量之间数学关系的软测量模型。因此，铝酸钠溶液组分浓度软测量存在的首要问题就是如何建立有效的、精度较高的组分浓度模型。由于氧化铝生产环境恶劣、干扰多，铝酸钠溶液机理特性复杂、非线性度高，因此建立铝酸钠溶液组分浓度的软测量模型是一项非常艰巨的任务。

若要实现铝酸钠溶液组分浓度的实时在线检测，还要综合考虑辅助变量的选择（包括变量类型、数目和监测点位置）。根据目前铝酸钠溶液组分浓度软测量的研究现状和其他已有的溶液组分浓度软测量方法，初步选择温度和电导率作为辅助变量，其可行性和变量数目的选择需要通过对溶液进行进一步的特性分析来确定。

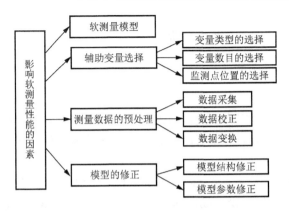

图 2.7 影响软测量性能的因素

除铝酸钠溶液组分浓度软测量的辅助变量选择之外，针对氧化铝生产过程的特点和铝酸钠溶液本身的特殊性，要实现铝酸钠溶液组分浓度的软测量，还需要对测量数据进行预处理。软测量模型的性能很大程度上依赖于所获过程测量数据的准确性和有效性。由于测量数据直接从传感器中读出，没经过或只经过简单的滤波处理，并没有对离群点数据的处理功能，而离群点的存在会影响建模数据的质量，从而直接影响所建模型的精度。因此在建模之前，应对采集到的建模数据进行预处理，去除其中的离群点。除此之外，为了降低数据间的非线性和提高建模效率，需要对数据进行变量转换以及去除多重共线性等处理。

由于工业对象并不是一成不变的，在氧化铝的实际生产中，对象特征会因矿石成分、操作条件变化等原因而发生改变，不论软测量模型起初具有多高的精度，随着时间的推移以及生产条件的改变，其测量精度都可能会降低。因此在软测量技术的应用过程中，必须对软测量模型进行修正，提高模型的适应性，使其能跟踪系统的变化。文献[104]提出了短期学习和长期学习的思想对软测量模型进行修正，短期学习是在不改变模型结构的情况下，根据离线分析值和模型输出值之间的误差，利用新采集的数据对模型中的相关参数进行更新；而长期学习则是在原料、工况等发生较大变化时，利用新采集的较多数据重新建立软测量模型。因此在建模完成之后，应结合两种方式的优缺点，对所建模型进行修正。

由于铝酸钠溶液的温度和电导率并不是氧化铝生产过程中实时测量的数据，因此需要利用检测装置对这两个参数进行实时在线检测。与此同时，需要开发相应的软测量软件系统，把软测量模型嵌入系统之中。将采集到的符合要求的温度和电导率数据作为软测量模型的输入，并根据输入数据及所建模型，计算和输出铝酸钠溶液三种组分浓度值，从而实现铝酸钠溶液组分浓度的实时在线检测和显示。

2.2.4 铝酸钠溶液组分浓度特性分析

1. 铝酸钠溶液性质和结构

铝酸钠又称偏铝酸钠，化学式 $NaAlO_2$。白色、无臭、无味，熔点 1650℃，强碱性固体。高温熔融产物为白色粉末，溶于水不溶于乙醇。在空气中易吸收水分和二氧化碳，水中溶解后易析出氢氧化铝沉淀，氢氧化铝溶于氢氧化钠溶液生成铝酸钠溶液。

铝酸钠溶液的基本成分是 Al_2O_3 和 Na_2O。工业铝酸钠溶液主要由 $NaAl(OH)_4$、$NaOH$ 和 Na_2CO_3 等化合物组成，其中还含有 SiO_2、Na_2SO_4、Na_2S、有机物以及含铁、镓、矾、氟、氯等化合物状态存在的杂质。通常把 $NaAl(OH)_4$ 中的 Na_2O 叫作化合碱，把 $NaOH$ 中的 Na_2O 叫作游离碱，苛性碱包括化合碱和游离碱；把 Na_2CO_3 中的 Na_2O 叫作碳酸碱；苛性碱和碳酸碱统称为全碱[103]。工业上铝酸钠溶液各成分的浓度一般是用每升铝酸钠溶液中所含溶质的克数（g/L）来表示，本书中三种主要成分苛性碱、氧化铝、碳酸碱的浓度分别用符号 c_K、c_A、c_C 来表示。

铝酸钠溶液的性质极为复杂，稳定性是它的一个重要特征。所谓稳定性是指从过饱和铝酸钠溶液开始分解析出氢氧化铝所需时间的长短。生成后立即开始分解或经过短时间后即开始分解的溶液，称为不稳定的溶液，而生成后存放很久仍不发生明显分解的溶液，称为稳定的溶液。了解铝酸钠溶液的稳定性，这对生产过程有极为重要的意义，例如铝酸钠溶液在其与赤泥分离洗涤的过程中以及精液的叶滤过程中必须保持足够的稳定性，否则将会引起自发分解，造成氧化铝的损失。

工业铝酸钠溶液多处于饱和或过饱和状态。虽然过饱和的溶液是不稳定的，并且过饱和程度越大，溶液的稳定性也越差。但铝酸钠溶液的稳定性还与许多因素存在着复杂的关系。在这些因素的影响下，往往使过饱和的铝酸钠溶液能够保持相对的稳定性，处于介稳状态。影响铝酸钠溶液稳定性的主要因素如下[100]。

1）溶液的苛性比值

在一定温度和氧化铝浓度下，提高苛性碱浓度（即提高苛性比值），可使溶液的未饱和程度增大，因而溶液的稳定性提高。并且在任何温度下，提高工业铝酸钠溶液的苛性比值，都可以使溶液的稳定性提高。

2）溶液的温度

当铝酸钠溶液的苛性比值以及浓度都相同时，溶液的稳定性随着温度的降低而下降，直到温度降低到30℃为止，温度低于30℃时，溶液又变得比较稳定。

3）溶液的氧化铝浓度

溶液的氧化铝浓度与稳定性之间存在着一种特殊的关系。在一定温度、一定苛性比值下，氧化铝浓度低于 25g/L 的稀溶液或高于 250g/L 的浓溶液都具有很高的稳定性，中等浓度溶液的稳定性较差。

4）溶液的杂质

溶液中的有机物与苛性碱作用，一般以钠盐状态存在于溶液中，例如腐殖酸钠、草酸钠等，它们的存在使溶液黏度增高、稳定性增大，而且易被晶核吸附，使晶核失去作用，严重时可使溶液的分解成为不可能。存在于溶液中的碳酸碱、硫酸钠以及硫化钠等，也都在一定程度上使溶液的稳定性增大，碳酸碱的存在使溶液的稳定性提高，这与碳酸碱能增大铝酸钠溶液中氧化铝的溶解度有关。另外，氧化硅在溶液中形成体积较大的铝硅酸根络合离子，使溶液黏度增大，能够明显地提高溶液的稳定性。

铝酸钠溶液的结构是氧化铝生产和碱法生产氧化铝所要研究的重要理论课题。早在 20 世纪 30 年代，人们就开始对铝酸钠溶液结构问题进行研究，但它的结构、性质与许多常见电解质溶液有很大差别，并且在分解过程中又不断地变化。因此虽经多年研究，对铝酸钠溶液的结构仍不甚了解，曾一度出现"百家争鸣"的局面。近年来，红外线、紫外线吸收光谱、拉曼光谱、核磁共振、X 射线等直接近似判断离子结构分析方法的出现，使铝酸钠溶液结构的研究取得重大进展。根据研究结果，铝酸钠溶液是离子真溶液，溶液中的铝酸钠实际上能够完全离解为钠离子和铝酸阴离子[82]。因此，关于铝酸钠溶液的结构问题，实质是指铝酸根离子的组成及结构。根据近年来的研究结果，可归纳为以下几点：

（1）在一定温度下，中等浓度的铝酸钠溶液中，铝酸根离子以 $Al(OH)_4^-$ 为主。据此，从铝或氢氧化铝转入溶液的阳离子 Al_3^+ 与 4 个 OH^- 化合时形成 $Al(OH)_4^-$。3 个 OH^- 与阳离子 Al_3^+ 以正常的价键结合，而第 4 个 OH^- 则以配价键结合，$Al(OH)_4^-$ 有正规的四面结体构。

（2）在稀溶液中且温度较低时，铝酸根离子以水化离子 $[Al(OH)_4^-](H_2O)_x$ 形式存在。

（3）在较浓的溶液中或温度较高时，发生 $Al(OH)_4^-$ 离子脱水，并能形成 $[Al_2O(OH)_6]_2^-$ 聚离子，在 150℃以下，这两种形式的离子可同时存在。

（4）铝酸钠溶液是一种缔合型电解质溶液，在碱浓度较高时，溶液中将存在大量缔合离子对，且浓度越高，越有利于缔合离子对的形成。一般生产条件下都用 $Al(OH)_4^-$ 表示铝酸根离子。

2. 影响铝酸钠溶液电导率的因素分析

导体按照导电机理和导电时伴随发生的现象不同，可以分为两类。一类称为电子导体，如金属、合金、石墨等，其导电机理是依靠金属中的自由电子，在外电场作用下定向流动而传导电流。第二类称为离子导体，如酸、碱、盐的水溶液，这些溶液称为电解液，溶液中的溶质称为电解质，其导电机理是依靠离子的定向运动而导电的[105]。电解质溶液与金属导体一样是电的良导体。因此，电流流过电解质时，必有电阻作用，且符合欧姆定律。但液体的电阻温度特性与金属导体相反，其温度特性是负数。为区别于金属导体，电解质溶液的导电能力用电导或电导率表示，电导是电阻的倒数，通常以 G 来表示，电导的单位是西门子，符号为 S。对于同一类导电体来说，它的电阻（或电导）与它的长度、横截面积有一定的关系。

为了便于对各种导电体导电能力的大小进行比较，引入了电阻率与电导率的概念。导电体的电阻与它的长度成正比，与其横截面积成反比。电导率是电阻率的倒数，电导率的标准单位是 S/m（即西门子/米），常用单位 μS/cm（微西门子/厘米）。电解质溶液的电导率是两极板面积 $A_s = 1m^2$，距离 $l = 1m$ 时溶液的电导。它以数字表示溶液传导电流的能力，通常我们用它来表示水的纯度。纯水的电导率很小，当水中含有无机酸、碱、盐或有机带电胶体时，电导率就增加。电导率常用于间接推测水中带电荷物质的总浓度。水溶液的电导率取决于带电荷物质的性质和浓度、溶液的温度和黏度等。由于电解质溶液的导电过程是依靠离子的迁移运送电荷来完成的，因此在一定的浓度范围内，离子的浓度越大，电导率越大；离子的迁移速度越快，电导率越大；离子的电荷越多，电导率越大。而离子的浓度、迁移速度、电荷数又与电解质的性质、溶液的浓度以及溶液的温度有密切关系。因此，作为一种电解质溶液，影响铝酸钠溶液电导率的因素就是电解质的性质、溶液的浓度以及溶液的温度这三个方面[105]，下面具体介绍其影响。

电解质的性质对电导率的影响表现在两个方面：一是电解质的组成不同，离解生成的离子不同，各种离子的电荷数也不相同。因此，在温度和浓度相同的条件下，不同的电解质溶液的电导率就不相同。二是电解质的电离度不同，强电解质的电导率要比弱电解质大。由电解质的性质对电导率的影响可以看出：在一定条件下，根据溶液的电导率的变化，可以显示溶液组成的变化。

浓度是溶液最基本的表征，电解质溶液的浓度不同，其电导率就不同[106]。溶液浓度对电导率的影响关系比较复杂，存在两种相反的影响。对强电解质来说，浓度增大，一方面单位体积中的导电离子增多，导电能力增强；另一方面，离子间的间距随浓度增大而减小，离子间相互作用力增大，离子迁移速率下降，导电能力减弱。浓度较低时，前者为矛盾的主要方面，电导率增加；而浓度较高时，后者起主要作用，电导率减小[107]。

温度对电导率的影响很明显，电解质溶液的电导率和金属导体相反，当温度升高时，金属导体的电导率降低，而电解质溶液的电导率却增加。这主要是由于温度升高，溶液黏度降低，离子的溶剂化作用减弱，致使离子的运动速度增大。根据影响电解质电导率的因素，铝酸钠溶液的组成以及文献[108]～文献[110]可知，铝酸钠溶液的电导率 d 与溶液温度 T 及其主要组分——苛性碱浓度 c_K、氧化铝浓度 c_A、碳酸碱浓度 c_C 有关，可以写成如下非线性函数：

$$d = f(T, c_K, c_A, c_C) \tag{2.31}$$

那么，根据铝酸钠溶液温度和电导率的变化，可以显示出溶液组分浓度的变化。

3. 铝酸钠溶液组分浓度与温度和电导率之间的特性分析

由文献[109]和文献[110]可知，在苛性碱浓度 c_K、氧化铝浓度 c_A、碳酸碱浓度 c_C 一定的条件下，温度 T 与电导率 d 之间为近似一次函数关系，如图 2.8 所示。

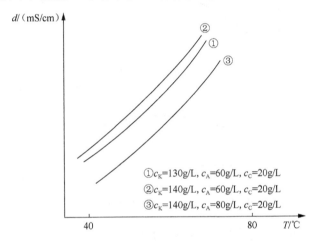

图 2.8　温度 T 与电导率 d 之间的关系

从图 2.8 中可以看出，不同浓度的铝酸钠溶液电导率 d 随着温度 T 的升高而增大，并且这些上升的直线分别对应不同的苛性碱浓度 c_K、氧化铝浓度 c_A 及碳酸碱浓度 c_C，这些直线的斜率与截距随着三种组分浓度的不同配比而变化。因此，电导率与温度之间的关系可以写成如下形式：

$$d = k(c_K, c_A, c_C)T + b(c_K, c_A, c_C) \tag{2.32}$$

式中，k、b 分别为电导率与温度一次函数关系的斜率和截距，且 k、b 分别是铝酸钠溶液组分浓度 c_K、c_A、c_C 的未知非线性函数，模型难以建立。除此之外，由于是近似一次函数关系，如果利用此关系建模，则会存在一定的建模误差，影响建模精度，因此需要对其进行补偿。

由文献[110]知，在温度 T、氧化铝浓度 c_A 一定的条件下，苛性碱浓度 c_K 与电导率 d 之间为二次函数关系，如图 2.9 所示。

从图 2.9 中可以看出，当苛性碱浓度较低时，电导率随着苛性碱浓度增大而增大，而苛性碱浓度较高时，反而随着苛性碱浓度增加而减小，并且二次曲线最大值出现的位置只与温度有关，随着温度的增高，这一最大值所对应的苛性碱浓度向增高方向移动。电导率可以用式（2.33）表示：

$$d = a_0(T, c_A, c_C) c_K^2 + a_1(T, c_A, c_C) c_K + a_2(T, c_A, c_C) \qquad (2.33)$$

式中，a_0、a_1、a_2 为二次函数的系数。电导率是温度 T、氧化铝浓度 c_A、碳酸碱浓度 c_C 的未知非线性函数，模型难以建立。

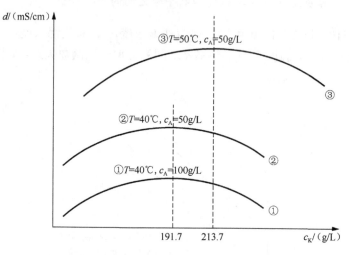

图 2.9　苛性碱浓度 c_K 与电导率 d 之间的关系

由文献[110]知，在温度 T、苛性碱浓度 c_K 一定的条件下，氧化铝浓度 c_A 与电导率 d 之间为一次函数关系，如图 2.10 所示。从图中可以看出，电导率 d 随着氧化铝浓度 c_A 的升高而降低，且温度越高，下降的越快。两者之间

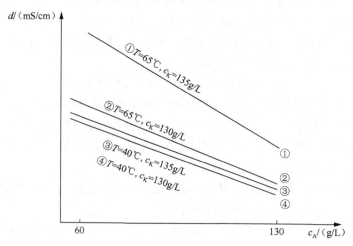

图 2.10　氧化铝浓度 c_A 与电导 d 之间的关系

为一次函数关系，可以表示为

$$d = k_1(T, c_K, c_C)c_A + b_1(T, c_K, c_C) \qquad (2.34)$$

式中，k_1、b_1 为一次函数的系数，是温度 T、苛性碱浓度 c_K、碳酸碱浓度 c_C 的未知非线性函数，模型难以建立。

由文献[110]知，在温度 T、苛性碱浓度 c_K、氧化铝浓度 c_A 一定的条件下，碳酸碱浓度 c_C 与电导率 d 之间为一次函数关系，如图 2.11 所示。从图中可以看出，电导率 d 随着碳酸碱浓度 c_C 的增大而减小，而且是下降斜率完全相等的平行直线。电导率可以表示为

$$d = k_2 c_C + b_2(T, c_K, c_A) \qquad (2.35)$$

式中，k_2、b_2 为一次函数的系数，且 b_2 是温度 T、苛性碱浓度 c_K、氧化铝浓度 c_A 的未知非线性函数，模型难以建立。

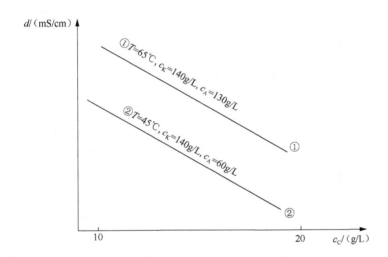

图 2.11 碳酸碱浓度 c_C 与电导 d 之间的关系

通过上述对铝酸钠溶液组分浓度与温度、电导率之间的特性分析可知，苛性碱、氧化铝及碳酸碱浓度与其温度和电导率之间存在复杂的未知非线性函数关系，依据 2.1.2 节四因子温度电导法的测量原理[95,96]，可以确定铝酸钠溶液组分浓度软测量的输入输出关系如下：

$$\begin{cases} c_K = f_1(T, d) \\ c_A = f_2(T, d) \\ c_C = f_3(T, d) \end{cases} \qquad 且 \qquad \begin{array}{l} T = [T_1, T_2, T_3] \\ d = [d_1, d_2, d_3] \end{array} \qquad (2.36)$$

式中，T_1 和 d_1、T_2 和 d_2、T_3 和 d_3 为铝酸钠溶液的三种不同温度和电导率值。

2.2.5 铝酸钠溶液组分浓度软测量难度分析

氧化铝生产过程是一个复杂得多工序连续生产过程，伴随有物理化学反应、物质与能量的转化和传递，具有高度非线性、不确定性等特点。实现铝酸钠溶液组分浓度的软测量，有以下难点。

首先，氧化铝生产过程涉及许多物理化学反应，铝酸钠溶液本身性质和结构极为复杂，很难用机理描述。目前没有文献阐述其内在机理和模型，只能通过试验分析铝酸钠溶液组分浓度的特性。虽然已知苛性碱浓度与电导率之间是二次函数关系，氧化铝浓度与电导率之间是一次函数关系，碳酸碱浓度与电导率之间也是一次函数关系，同时温度的变化也影响电导率的大小。但是三种组分浓度和温度共同作用时，对电导率的影响未知，完全通过机理分析利用温度和电导率反求三种组分浓度的难度较大。因此，如何结合机理分析、试验数据以及现场数据建立铝酸钠溶液组分浓度软测量模型成为问题的关键。

其次，通过分析数据可知，作为辅助变量的温度和电导率之间存在近似线性关系，在建模中需要对其进行特征提取和去除多重共线性处理（变量转换、PCA、PLS 等）。由于大部分工业过程都是动态的，具有记忆功能，铝酸钠溶液组分浓度与温度、电导率之间同样与过去时刻存在关联，即具有动态特性。根据现场操作人员的经验，此刻的组分浓度与过去时刻有关，但具体关系未知，这也为组分浓度软测量模型的建立带来一定的难度。

再次，铝酸钠溶液组分浓度对氧化铝生产的很多工序都有重要作用，比如原矿浆制备、溶出、分解、蒸发等。每个工序都有自己的特点，且相互之间较难借鉴。因此，需要一种通用的、能测量每个工序的铝酸钠溶液组分浓度软测量方法。通过查阅文献和对铝酸钠溶液组分浓度的特性分析，确定选择温度和电导率作为辅助变量，但两者不是氧化铝生产过程实时检测的过程变量。为了实现组分浓度的软测量，还需要按照硬件装置来设计和开发相应的软测量软件系统，从而实现铝酸钠溶液温度和电导率的实时测量以及组分浓度的计算。

最后，氧化铝生产过程中的铝酸钠溶液在绝大部分工序中处于过饱和状态，而过饱和的铝酸钠溶液结晶析出氢氧化铝，在热力学上是自发的不可逆过程，如果生产过程控制得不好，就会容易生成沉淀造成氧化铝的损失；SiO_2 在溶液中能形成体积较大的铝硅酸根络合离子，使溶液的黏度增大；铝酸钠溶液浓度较大，腐蚀性较强[111]。铝酸钠溶液的易沉淀、黏度大、浓度高、腐蚀性强等复杂特性为组分浓度的在线检测带来较大难度，可能导致仪器管路和电导率仪探头结疤，引起电导率仪测量数据异常。这些特点对检测装置和测量仪表有较高要求，比如管路不能太细、要具有抗腐蚀性和自动清洗等功能。除此之外，为了保证软测量模型的精度，需要对建模数据进行预处理，去除异常数据对建模精度的影响。

2.3 本章小结

根据铝酸钠溶液组分浓度检测方法的研究现状和存在的问题，本章首先对氧化铝生产工艺过程和原矿浆制备工序的工艺流程进行了描述，说明铝酸钠溶液组分浓度实时在线检测对氧化铝生产过程中的很多工序都很重要，而且对原矿浆制备工序的配料过程尤其重要，直接影响溶出效果及其他后续工序的生产指标。然而，由于原矿浆制备工序中铝酸钠溶液来源分散、各组分浓度差异较大具有不确定性，且溶液本身特性复杂，增加了实现铝酸钠溶液组分浓度软测量的难度。通过对铝酸钠溶液的特性分析，根据组分浓度与温度、电导率之间的关系，阐述了本书所提组分浓度软测量建模方法的基本原理，并对铝酸钠溶液组分浓度软测量的实现进行了难度分析。

3

基于改进 Fast-MCD 的数据预
处理方法

　　软测量建模的基础是大量可靠而准确的工业现场数据，数据样本数量与质量的好坏对于建模效果起着至关重要的作用。由于测量数据都是通过安装在现场的传感器、变送器等仪表获得，受仪表精度和生产环境的影响，测量数据都不可避免地含有误差，甚至有严重的显著误差，以至测量值不能精确地反映过程的一些内在物理和化学规律[112]。如果将这些测量数据不加处理直接用于软测量建模，必然会导致建立不正确的软测量模型，也会导致模型在实际应用时得到偏离实际值很远的估计输出，模型精度降低乃至完全失效[113]。一般来说，用于对象建模的样本数量是有限的，因此在建模前有必要进行数据预处理，以使这些有限的数据能准确、完整地描述对象，这是提高建模精度的一个关键步骤，是保证软测量技术成功实施的前提。

　　数据集里的离群点，改变了数据集的原有信息或数据产生机理。因此，发现离群点并减少其对数据分析的影响是一项很有意义的工作。本章主要针对温度和电导率数据中离群点的存在对建立铝酸钠溶液组分浓度软测量模型的不利影响，提出了基于改进 Fast-MCD 稳健估计的数据预处理方法，并将其对用来建模的温度和电导率数据进行预处理，识别并删除数据中的离群点，从而提高铝酸钠溶液组分浓度软测量建模数据的质量，为建立较准确的铝酸钠溶液组分浓度软测量模型奠定基础。

　　本章内容的组织结构如下：首先 3.1 节介绍了目前已有的几种稳健估计方法和存在的问题；3.2 节介绍了改进的 Fast-MCD 稳健估计方法；3.3 节利用本章提出的改进方法，对实际采集的氧化铝厂铝酸钠溶液温度和电导率建模数据进行了预处理，识别并删除了数据中的离群点。

3.1　稳健估计简介及存在问题

　　稳健性是数据分析中十分重要的概念，可以说它与数据分析有同样悠久的历史，但百余年来只限于朴素的思想和简单的方法，直到 20 世纪 60 年代，P. J. Huber 和 F. R. Hampel 等建立了一套理论才形成稳健统计这一年轻分支，推动了稳健方法的迅猛发展和广泛应用[114]。稳健估计也称抗差估计，由 G. E. P. Box 于 1953 年提出，用于回归分析的主要目的在于改进最小二乘法估计受异常值影响太大的缺点[115]。如果实际数据与标称模型有较小的偏移时，标称模型下的最优估计只有极小的变化，则称估计具有统计优良性。然而，通常基于正态分布假设下的最优估计方法，如最小二乘法，少数的离群点就足以破坏其优良性，稳健估计因此而存在。稳健估计与经典估计理论的根本区别在于，前者是把稳健估计理论建立在符合观测数据的实际分布模式而不是像后者那样建立在某种理想的分布模式上[116]。

稳健估计的基本思想是在异常值不可避免的情况下，选择适当的估计方法，使参数的估值尽可能避免异常值的影响，得到正常模式下的最佳估值[117]。稳健估计的原则是要充分利用观测数据（或样本）中的有效信息，限制利用可用信息，排除有害信息。由于事先难以准确知道观测数据中有效信息和有害信息所占比例以及它们具体包含在哪些观测中，抗差的主要目标是要冒损失一些效率的风险，去获得较可靠的、具有实际意义的、较有效的估值。所谓稳健估计应具有如下性质[118]：①当标称模型正确时，是最优或近似最优的；②当实际数据与标称模型偏离较小时，其性能变化也较小；③当实际数据与标称模型偏离较大时，不会造成灾难性破坏。由上述目标说明，在假定模型基本正确前提下，稳健估计具备抗大量随机误差和少量粗差的能力，使所估参数达到最优或接近最优。

对位置的稳健估计是稳健统计学的出发点与基础，"位置"在统计上是指服从某种分布的一个总体的中心位置。样本均值是我们所熟悉的位置估计，一组样本 $X_1, X_2, \cdots, X_n$ 的均值 $\bar{X}$ 是对位置的最小二乘估计，通过对误差平方和取极小而求得，受离群点值影响大而不稳健。样本中位数是广泛采用的一种优良的稳健估计。若按由小到大次序，以 $X_{(1)}, X_{(2)}, \cdots, X_{(n)}$ 记次序统计量，样本中位数 $\tilde{X}$ 为

$$\tilde{X} = X_{(n+1)/2}，n \text{ 为奇数} \tag{3.1}$$

$$\tilde{X} = [X_{(n/2)} + X_{(n/2)+1}] / 2，n \text{ 为偶数} \tag{3.2}$$

与样本的位置估计相连的是样本散布度量。与均值相对应的是样本标准偏差：

$$\sigma = \sqrt{\frac{1}{n-1} \sum_{i=1}^{n} (X_i - \bar{X})^2} \tag{3.3}$$

样本标准偏差同样不具有稳健性。而样本中位数绝对偏差（median absolute deviation，MAD）是颇为稳健的散布度量，定义如下[119]：

$$\text{MAD} = 1.4826 \times \text{median} \left| X_j - \text{median}(X_i) \right|，i = 1, 2, \cdots, n; j = 1, 2, \cdots, n \tag{3.4}$$

式中，$\mathrm{median}(X_i)$ 为数据序列的中位数，而 1.4826 的选择是使 MAD 等同于正态分布数据的标准偏差 σ。

对于多变量的位置估计和样本散布度量，主要有三种方法[120]：M 估计、S 估计和 MCD 估计。这些估计方法虽然实现方式不同，但都能在找出均值和协方差估计的同时，识别出离群点。下面简要地对三种方法进行介绍。

3.1.1 M 估计

令 $(x_1, x_2, \cdots, x_n) \in R^p$ 表示样本数据点，假设它们中的大多数将用来估计我们希望得到的均值和协方差，但是一些未知和任意分布的数据点将会被视为离群点抛弃。均值和协方差的估计值分别定义为 μ 和 S。

M 估计 (μ, S) 由以下系统方程获得

$$\frac{1}{n}\sum_{i=1}^{n} v_1(d_i)(x_i - \mu) = 0 \qquad (3.5)$$

$$\frac{1}{n}\sum_{i=1}^{n} v_2(d_i^2)(x_i - \mu)(x_i - \mu)^{\mathrm{T}} = S \qquad (3.6)$$

式中，$d_i^2 = d(x_i, \mu; S)^2 = (x_i - \mu)' S^{-1}(x_i - \mu)$ 并且 $v_1(\cdot)$ 和 $v_2(\cdot)$ 是权值函数，控制那些远离 μ 均值点的影响。如果 $v_1(\cdot) = v_2(\cdot) = 1$，那么 μ 和 S 就是样本的均值和协方差。通过递减函数 $v_1(\cdot)$ 和 $v_2(\cdot)$，减小离群点的影响。

3.1.2 S 估计

S 估计 (μ, S) 由解决以下优化问题获得

$$\min_{(\mu, S) \in R^p \times \mathrm{PDS}(p)} \{|S|\} \qquad (3.7)$$

定义集合 $\Theta = R^p \times \mathrm{PDS}(p)$，式中 $\mathrm{PDS}(p)$ 是所有正定对称 $p \times p$ 矩阵组成的集合。从而

$$\frac{1}{n}\sum_{i=1}^{n} \rho(d_i) = b_0 \qquad (3.8)$$

式中，$\rho(\cdot)$ 为单调增加的函数；b_0 为一个定义适当的常数。当 $\rho(d) = d^2$ 时，优化方程的约束表示马氏距离的平方和是常数，即似然函数在高斯假设条件下保持常数。这与最小二乘估计采样数据的均值和协方差结果是等价的。目前，$\rho(\cdot)$ 的选择不能是高于二次的函数（会导致不稳健的估计）。可以通过放松与中心距离较远的权值，从而减小离群点的影响。

3.1.3 MCD 估计及存在的问题

MCD 估计是直观的，并不需要解一个系统的非线性方程或是一个非线性优化

问题，而是找出 h 个紧密聚集的点组成的子集并计算基于它们的估计。首先找出样本协方差行列式最小的，然后估计 (μ, S) 的值作为这个子集的样本均值和协方差。MCD 方法最早由 Rousseeuw 于 1984 年[121]提出，检测数据中离群点的步骤如下：

（1）确定重复抽样次数 SN 和子样个数 h：$[(n + p + 1) / 2] \leqslant h \leqslant n$，并记 $j=1$。

（2）从容量为 n 的样本中随机抽取不同的 h 个观察值，计算其算术均数向量 $\mu^{(j)}$ 和协方差阵 $S^{(j)}$。

（3）由 $S^{(j)}$ 计算行列式 $\det(S^{(j)})$ 的值，并令 $C^{(j)} = \det(S^{(j)})$，$j=1+1$。

（4）重复第（2）步、第（3）步，直至 $j=$SN。

（5）从 SN 个行列式的值构成的集合 $\left\{ C^{(1)}, C^{(2)}, \cdots, C^{(SN)} \right\}$ 中搜索最小值，并将此最小值记为 $C^{(h)}$，以此 $C^{(h)}$ 为索引从均值向量集合和协方差阵集合中找出相对应的 $\mu^{(h)}$ 和 $S^{(h)}$。

（6）令 $M(x) = \mu^{(h)}, C(x) = S^{(h)}$，将其代入稳健马氏距离公式：

$$\mathrm{MD}_i = \sqrt{\left[x_i^{\mathrm{T}} - M(x) \right]' \left[C(x) \right]^{-1} \left[x_i^{\mathrm{T}} - M(x) \right]} \tag{3.9}$$

得到 MCD 估计计算的样本点稳健马氏距离，此值服从 χ^2 分布，其边界值为 $\sqrt{\chi_{p,\alpha}^2}$。给定风险率为 α，凡满足 $\mathrm{MD}_i > \sqrt{\chi_{p,\alpha}^2}$ 的样本点为样本离群点，其余的被认定为正常样本点。

稳健马氏距离与一般马氏距离的区别在于后者直接采用样本均值和样本协方差矩阵来计算，算出来的结果不稳健，很容易受到异常值的遮蔽作用影响，导致正常样本和异常值样本算出来的距离差别不大，不能得到异常值和正常值的区分。而稳健马氏矩阵所采用的均值向量和协方差矩阵都是在 MCD 估计中算出的稳健估计量，已经很好地消除了异常值对其的影响，因此算出的结果中，异常值和正常样本的距离有很大的区别，能够很好地起到检测异常值的作用。

综合以上几种方法，MCD 估计较直观，并不需要像 M 估计那样解一个系统的非线性方程，或是如 S 估计那样解决一个非线性优化问题，而是利用迭代和马氏距离的思想构造一个稳健的协方差矩阵估计量，然后在此稳健协方差矩阵上计算出稳健相关矩阵。反映在图形上就是不断地寻找包含 h 个样本点到样本中心距离最短的超椭球体，而把其余的 $n-h$ 个样本点排除在超椭球体外。MCD 具有很高的稳健性，但是由于其算法的复杂性加上当时计算机性能的落后，并没有得到很好的运用。

3.2　基于模糊聚类的改进 Fast-MCD 稳健估计算法

为了提高 Fast-MCD 算法的计算效率和识别精度，本章将模糊聚类算法与其相结合，提出一种基于模糊聚类的改进 Fast-MCD 稳健估计算法。

3.2.1　Fast-MCD 估计及存在的问题

针对 MCD 算法复杂，没有得到很好运用的缺点，Rousseeuw 等[122]提出改进的快速 MCD 算法（Fast-MCD），使得 MCD 方法真正地应用在各种稳健估计中，其高效性可以处理超过 30 个变量、几十万样本的数据。主要目的是利用迭代和一般马氏距离的思想构造一个稳健的协方差矩阵估计量和稳健的均值向量。

考虑一个 n 行 p 列的矩阵 $X_{n \times p}$，从中随机抽取 h 个样本数据，并计算这 h 个样本数据的样本均值 μ_1 和协方差矩阵 S_1。然后通过马氏距离公式 $d_1 = \sqrt{(x_i^{\mathrm{T}} - \mu_1)'[S_1]^{-1}(x_i^{\mathrm{T}} - \mu_1)}$ 计算这 n 个样本数据到中心 μ_1 的马氏距离，选出这 n 个距离中最小的 h 个，再通过这 h 个样本计算均值 μ_2 和协方差矩阵 S_2。根据 Rousseeuw 等[122]可以证明 $\det(S_2) \leq \det(S_1)$，仅当 $\mu_1 = \mu_2$、$S_1 = S_2$ 时等号成立。这样子不断迭代下去，当 $\det(S_m) \leq \det(S_{m-1})$ 时停止迭代。这时再通过 S_m 进行加权计算就能求出稳健的协方差矩阵估计量。详述如下。

（1）确定 h 的值。h 值在 $0.5n$ 和 n 之间，一般来说 h 越小，它的抵抗异常值能力越强，但是最小不能少于 50%，因为少于 50% 已经不能分辨哪些是正常值哪些是异常值，所以作为一种折中，h 默认值是取 $h=0.75n$，而当样本数量比较少时，h 一般取 $0.9n$。如果 $h=n$，这时计算的是整个样本数据的均值向量和协方差矩阵，返回计算结果并停止。

（2）从 n 个样本中随机抽取 $p+1$ 个样本构造协方差矩阵，并计算其行列式，如果行列式为 0，再随机加入一个样本直到行列式不为 0，计算其均值和协方差矩阵以及 n 个样本点的稳健距离，并选出 h 个最小距离的数据，计算其协方差矩阵和均值。这时这个协方差矩阵为初始协方差矩阵 S_0，并利用样本计算初始样本均值 μ_0。

（3）当 n 值较小（小于 600）时，直接从 μ_0、S_0 计算得到 μ_1、S_1 并开始迭代，迭代两次得到 S_3。重复 500 次这个过程，从中选取最小的 10 个 S_3，继续迭代直到收敛，返回最小行列式值的 μ 和 S，记为 μ_{mod} 和 S_{mod}。

（4）当 n 值较大时，由于每次迭代都要把 n 个样本的距离计算一次，非常耗时，所以把 n 个样本分成 CN 个部分。每个子样本也是从各自 μ_0、S_0 计算得到 μ_1、S_1 并开始迭代，迭代两次得到 S_3。每个子样本重复迭代 n/CN 次，从中选取最小的 10 个 S_3，然后把子样本重新合并为一个整体样本，并也把子样本中的 10 个 S_3 合并，得到 $10\times\text{CN}$ 个 S_3，从这 $10\times\text{CN}$ 个 S_3 开始迭代两次，保留最小的 10 个结果并继续迭代下去直到收敛，返回最小行列式值的 μ 和 S，记为 μ_{mod} 和 S_{mod}。

（5）根据 μ_{mod} 和 S_{mod} 计算每个样本的稳健马氏距离 $d(i)$。因为计算出来的距离值近似服从一个自由度为 p 的 χ^2 分布。假设置信度为 97.5%，当 $d(i) > \sqrt{\chi^2_{p,0.975}}$ 时，记 $w_i = 0$，否则 $w_i = 1$。然后根据 w_i 再重新计算：

$$\mu = \frac{\sum_{i=1}^{n} w_i x_i}{\sum_{i=1}^{n} w_i} \qquad (3.10)$$

$$S = \frac{\sum_{i=1}^{n} w_i (x_i - \mu)(x_i - \mu)'}{\sum_{i=1}^{n} w_i - 1} \qquad (3.11)$$

这时 S 就是最后所求的稳定协方差矩阵。在此稳健协方差矩阵和稳健样本均值基础上，便能得出稳健的马氏距离，还可以在稳健马氏距离的基础上进行异常点的检测和辨别。

虽然 Fast-MCD 方法对 MCD 方法进行了改进，但是算法中随机抽取 $p+1$ 个样本数据作为初值，并且当样本数 n 较大时，人为给定分成 CN 部分分别计算，之后再整合。这种做法的随机性较大，因为初值选择是否恰当，会直接影响算法的收敛速度和计算效率。因此，应寻求一种改进的 Fast-MCD 稳健估计算法。

3.2.2 模糊聚类

聚类分析是多元统计分析的一种，也是非监督模式识别的一个重要分支。它把一个没有类别标记的样本集按某种准则划分成若干个子集（类），使相似的样本尽可能地归为一类，而不相似的样本尽量划分到不同的类中[123]。模糊 C 均值聚类（fuzzy C-means, FCM）方法是目前应用最广泛的一种聚类方法，其优点是用隶属度的方式表征数据点属于某类的程度[124]，聚类准则函数为

$$J_m = \sum_{i=1}^{L} \sum_{j=1}^{N} (a_{ji})^m \left\| x_j - c_i \right\|^2 \qquad (3.12)$$

式中，$x_j(j=1,2,\cdots,N)$ 为样本空间数据；$c_i(i=1,2,\cdots,L)$ 为聚类中心；a_{ji} 为 x_j 对 c_i 的隶属度，是模糊矩阵 A 的各个数据，且满足 $\sum_{i=1}^{L} a_{ji}=1, \sum_{j=1}^{N} a_{ji}>0$；$m \in (1,\infty)$ 为模

糊指数。隶属度函数和聚类中心如下：

$$a_{ji} = \frac{\left(\dfrac{1}{\left\|x_j - c_i\right\|^2}\right)^{\frac{1}{m-1}}}{\displaystyle\sum_{i=1}^{L}\left(\dfrac{1}{\left\|x_j - c_l\right\|^2}\right)^{\frac{1}{m-1}}} \tag{3.13}$$

$$c_i = \frac{\displaystyle\sum_{j=1}^{N}(a_{ji})^m x_j}{\displaystyle\sum_{j=1}^{N}(a_{ji})^m} \tag{3.14}$$

FCM 聚类算法步骤如下[125]：

（1）选择聚类数 $L(2 \leqslant L \leqslant n)$ 和指数权重 $m(1 < m < \infty)$，初始化隶属度矩阵 $A^{(0)}$，并且设定停止准则 ε，设迭代指数 CN 为 0。

（2）通过隶属度 $A^{(CN)}$ 和式（3.13）计算模糊聚类中心：$c_i(i = 1, 2, \cdots, L)$。

（3）通过 $c_i(i = 1, 2, \cdots, L)$ 和式（3.12）计算新的隶属度矩阵 $A^{(CN+1)}$。

（4）计算 $\varDelta = \left\|A^{(CN+1)} - A^{(CN)}\right\| = \max\limits_{i,j}\left|a_{ij}^{(CN+1)} - a_{ij}^{(CN)}\right|$。若 $\varDelta > \varepsilon$，则令 CN=CN+1 并返回第（2）步；若 $\varDelta \leqslant \varepsilon$，则停止迭代。

由于 Fast-MCD 算法首先要随机选取 $p+1$ 个初值，考虑到数据之间的联系与差异，可以利用 FCM 算法将数据分成 $p+1$ 类，然后用这 $p+1$ 个聚类中心替代随机抽取的样本作为算法的初始值。而当样本数较大时，按照 FCM 的聚类结果进行分堆，将每类数据作为一组分别进行计算后整合，提高计算效率的同时去除了算法的随机性。

3.2.3　改进的 Fast-MCD 稳健估计方法

为了提高 Fast-MCD 方法的计算效率，提出基于模糊聚类的改进 Fast-MCD 稳健估计方法：当样本数 n 较小时，采用模糊聚类的聚类中心作为初始值，计算初始均值和协方差；当 n 值较大时，按照模糊聚类结果将数据分成 L 类，每类数据用 Fast-MCD 方法计算，然后再把子样本重新合并为一个整体样本继续计算。具体算法如下：

（1）确定 h 的值。h 默认值是取 $h=0.75n$，而当样本数量比较少时，h 一般取 $0.9n$。

（2）将 n 个样本采用模糊聚类算法分成 L（等于 $p+1$）类，为了防止聚类中心中包括离群点，首先对聚类中心进行判断。如果聚类后每组数据的个数小于

$n/4L$（当样本数量比较少时，小于 $n/10L$），那么就认为此聚类中心为离群点，将其去除并重新进行聚类计算，获得 L 个聚类中心。

（3）将 L 个聚类中心取出构造协方差矩阵，计算其行列式，如果行列式为 0，再随机加入一个样本直到行列式不为 0，计算其均值和协方差矩阵以及 n 个样本点的稳健距离，选出 h 个最小距离的数据，计算其协方差矩阵和均值。这时这个协方差矩阵为初始协方差矩阵 S_0，并利用样本计算初始样本均值 μ_0。

（4）当 n 值较小（小于 600）时，直接从 μ_0、S_0 计算得到 μ_1、S_1 并开始迭代直到收敛，返回最小行列式值的 μ 和 S，记为 μ_{mod} 和 S_{mod}。

（5）当 n 值较大时，把 n 个样本按照聚类结果分成 L 个部分。每个子样本集也是从各自 μ_0、S_0 计算得到 μ_1、S_1 并开始迭代直到收敛，整合之后返回最小行列式值的 μ 和 S，记为 μ_{mod} 和 S_{mod}。

（6）根据 μ_{mod} 和 S_{mod} 计算每个样本的稳定马氏距离 $d(i)$。在置信度为 97.5% 时，当 $d(i) > \sqrt{\chi^2_{p,0.975}}$ 时，记 $w_i = 0$，否则 $w_i = 1$。然后根据 w_i 按照式（3.10）和式（3.11）重新计算 μ 和 S。

（7）根据最后所求的稳健均值和协方差矩阵计算稳健的马氏距离，在此基础上进行异常点的检测和辨别。

3.3 基于改进 Fast-MCD 的溶液温度和电导率数据预处理

铝酸钠溶液组分浓度软测量是氧化铝工业中的重要工作。软测量所选取的辅助变量即铝酸钠溶液的温度和电导率数据质量的好坏，对铝酸钠溶液组分浓度建模起着至关重要的作用。因此，分别采用 Fast-MCD 算法和本章提出的改进 Fast-MCD 稳健估计方法对温度和电导率数据进行预处理，从而为建立更精确的铝酸钠溶液组分浓度软测量模型做准备。

3.3.1 数据描述

首先将采集到的 540 组数据（20min 采集一组）分成两部分，其中 390 组数据用于训练，即用来建立软测量模型，其余 150 组用于测试软测量模型的精度。因此，本章对将要用来建模的 390 组数据进行预处理，部分建模数据如表 3.1 所示。

表 3.1 部分建模数据

数据	$T_1/℃$	$d_1/(mS/cm)$	$T_2/℃$	$d_2/(mS/cm)$	$T_3/℃$	$d_3/(mS/cm)$	$c_K/(g/L)$	$c_A/(g/L)$	$c_C/(g/L)$
1组	93.06	649.69	73.8	496.17	80.17	538.59	194	92.1	29.2
2组	92.12	656.33	74.63	505.78	78.98	535.47	193	92.43	31
3组	93.84	660.31	75.15	502.11	80.83	539.61	194	94.07	30
4组	92.41	663.05	79.07	546.64	80.85	544.22	198	96.7	30.4
⋮	⋮	⋮	⋮	⋮	⋮	⋮	⋮	⋮	⋮
389组	86.86	532.58	75.25	455.16	81.75	488.75	212	112.56	30.76
390组	87.04	536.72	75.69	451.25	81.71	490	214.4	112.66	28.1

3.3.2 试验结果与分析

首先，采用 Fast-MCD 算法对数据进行处理，共识别出离群点 11 个。稳健距离计算结果如图 3.1 所示，一般马氏距离和稳健距离构成的 D-D 图如图 3.2 所示。

由于 Fast-MCD 算法随机抽取初值且要循环 500 次，再选其中较小的 10 个继续迭代直至收敛，故运算时间较长，为 2.625s。

按照本章提出的改进 Fast-MCD 算法对上述温度、电导率建模数据进行预处理，步骤如下：

（1）样本数量 n=390<600，相对较少，故选择 h=0.9n=351。

（2）将 390 个样本采用模糊聚类算法分成 L=p+1=10（变量个数 p=9）类，10 个聚类中心如表 3.2 所示。

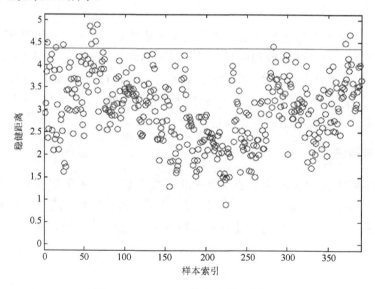

图 3.1 Fast-MCD 算法稳健距离结果

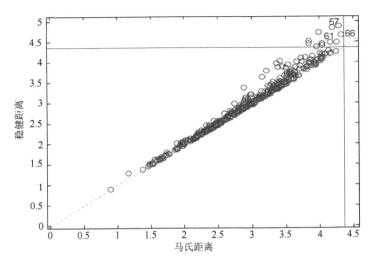

图 3.2　Fast-MCD 算法的 D-D 图

表 3.2　建模数据的聚类中心

中心	$T_1 / ℃$	$d_1 /(mS/cm)$	$T_2 / ℃$	$d_2 /(mS/cm)$	$T_3 / ℃$	$d_3 /(mS/cm)$	$c_K /(g/L)$	$c_A /(g/L)$	$c_C /(g/L)$
c_1	88.30	548.69	74.87	453.19	82.89	496.21	217.07	112.75	28.57
c_2	89.24	565.66	73.96	450.18	84.16	515.03	218.3	112.32	28.44
c_3	88.51	554.33	71.59	426.34	83.33	502.31	219.65	113.63	28.45
c_4	91.92	626.80	74.85	490.17	82.87	542.63	205.61	101.57	29.93
c_5	90.26	596.56	72.86	470.55	81.05	522.03	210.03	104.65	29.26
c_6	93.22	656.70	72.66	468.22	77.89	507.33	213.84	101.69	30.27
c_7	93.34	658.23	73.66	484.73	81.12	540.77	211.29	101.90	29.93
c_8	91.04	619.29	72.30	459.69	81.28	531.11	214.41	102.51	29.88
c_9	91.69	645.29	75.73	507.95	80.60	536.12	207.36	100.24	30.47
c_{10}	91.13	611.04	75.29	492.15	82.45	536.13	209.23	103.80	29.42

　　经过判断，聚类后每组数据的个数不小于 $n/10L≈4$ 个，认为聚类中心中不包括离群点。因此利用这些聚类中心作为初始值构造协方差矩阵，计算其行列式值为 0.95，不等于零，则计算其均值和协方差矩阵以及 390 个样本点的稳健距离，选出 351 个最小距离的数据，计算其协方差矩阵和均值。这时这个协方差矩阵为初始协方差矩阵 S_0，并利用样本计算出初始样本均值 μ_0。

　　（3）由于 $n=390$ 较小，故直接从 μ_0、S_0 计算得到 μ_1、S_1 并开始迭代，经过 6 次迭代后收敛，取得最小行列式值的 μ 和 S，记为 μ_{mod} 和 S_{mod}。迭代收敛曲线如图 3.3 所示。

　　（4）根据 μ_{mod} 和 S_{mod} 计算每个样本的稳定马氏距离 $d(i)$。按照置信度为 97.5% 时，$p=9$，$\sqrt{\chi^2_{9,0.975}}=4.36$ 来计算 w_i，并根据 w_i 按照式（3.9）和式（3.10）重新

计算 μ 和 S。

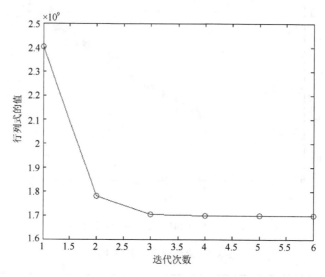

图 3.3　行列式迭代收敛曲线

（5）根据最后所求的稳健均值 μ 和协方差矩阵 S 计算稳健的马氏距离，如图 3.4 所示，在此基础上识别离群点共 14 个。一般马氏距离和稳健马氏距离构成的 D-D 图，如图 3.5 所示。

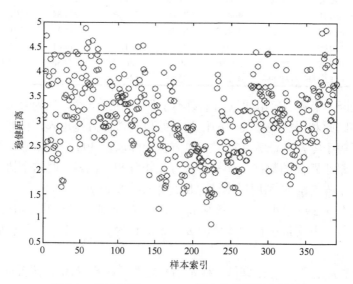

图 3.4　基于改进 Fast-MCD 算法的稳健距离结果

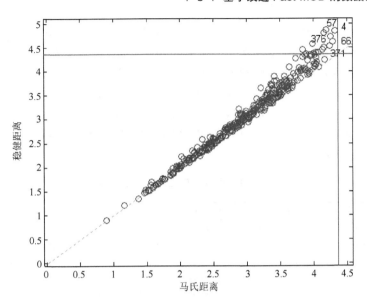

图 3.5　改进 Fast-MCD 算法的 D-D 图

为了检验数据的分布，作 Q-Q 图如图 3.6 所示。Q-Q 图是一种散点图，用变量数据分布的分位数与所指定分布的分位数之间的关系曲线来对数据分布进行检验。对应于正态分布的 Q-Q 图，就是由标准正态分布的分位数为横坐标，样本值为纵坐标的散点图。利用 Q-Q 图鉴别样本数据是否近似于正态分布，只需看 Q-Q 图上的点是否近似地在一条直线附近，而且该直线的斜率为标准差，截距为均值。

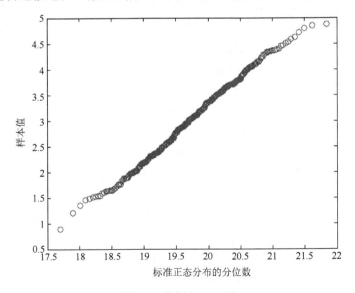

图 3.6　数据点 Q-Q 图

通过比较两种方法的计算结果可知，Fast-MCD 算法识别出的 11 个离群点的数据索引为[4，15，24，57，59，61，64，66，283，371，376]，改进 Fast-MCD 算法识别出的 14 个离群点的数据索引为[4，44，57，59，61，66，73，127，133，283，299，371，374，376]，两种方法共同识别为离群点的数据有 8 个，索引为 [4，57，59，61，66，283，371，376]。为了验证两种方法的识别精度，将两种方法中其余被确认为离群点的数据与正常数据中较类似的几组数据进行对比分析，如表 3.3 所示。

表 3.3　离群点与正常数据的比较

数据索引	T_1 /℃	d_1 /(mS/cm)	T_2 /℃	d_2 /(mS/cm)	T_3 /℃	d_3 /(mS/cm)	c_K /(g/L)	c_A /(g/L)	c_C /(g/L)
15 号	90.75	653.67	73.61	489.45	78.12	522.19	215.00	104.93	29.4
正常	94.23	658.67	74.79	485.55	82.16	545.08	215.00	104.60	29.6
44 号	86.09	569.69	74.70	482.81	78.65	494.61	199.00	97.03	30.2
正常	89.00	615.86	73.99	486.41	81.05	533.98	198.00	97.36	30.0
73 号	94.78	672.03	70.39	453.05	80.98	553.75	204.00	98.02	30.6
正常	94.89	672.58	70.84	467.27	80.92	556.41	204.00	98.35	31.6
127 号	90.91	631.41	72.32	446.56	81.30	534.30	214.00	99.99	31.4
正常	90.90	620.00	72.89	466.25	81.72	534.45	214.00	99.99	29.4
133 号	94.27	663.05	70.23	446.48	84.11	556.33	217.00	103.94	29.0
正常	89.90	610.39	72.00	450.70	80.91	526.64	217.00	103.28	30.4
299 号	92.34	605.63	71.60	463.75	81.34	515.55	210.00	106.24	31.6
正常	94.95	660.86	71.48	463.67	83.60	552.27	210.00	101.31	31.6
374 号	87.45	538.44	71.45	427.50	82.54	480.55	214.00	112.66	29.7
正常	86.69	535.08	75.75	455.86	81.56	488.83	214.20	112.82	29.4

从表 3.3 中可以看出，Fast-MCD 算法识别出的 15 号离群点与相似的正常数据相比，在 c_K、c_A、c_C 基本相同的情况下，温度 T_2 较低，但电导率 d_2 却较大（根据第 2 章的特性分析，在此条件下，应该是温度越低，电导率越小），故识别为离群点正确。改进的 Fast-MCD 算法识别出的 44 号离群点与相似的正常数据相比，在 c_K、c_A、c_C 基本相同的情况下，温度 T_2 较高，但电导率 d_2 却较低，故识别为离群点正确。73 号离群点与相似的正常数据相比，在 c_K、c_A 相同，c_C 较小的情况下，相同温度 T_3，电导率 d_3 却比正常数据小（在此条件下，应该是 c_C 越小，电导率越大），故识别为离群点正确；127 号离群点与相似的正常数据相比，在 c_K、c_A 相同，c_C 较大的情况下，相同温度 T_1，电导率 d_1 却比正常数据大（应该是 c_C 越大，电导率越小），故识别为离群点正确；133 号离群点与相似的正常数据相比，在 c_K、c_A 近似相同，c_C 较小的情况下，虽然没有相同温度电导率值的比较，但是根据三组温度之间的间隔和电导率相比，可知冷却电导率存在异常，故识别为离群点正确；299 号离群点与相似的正常数据相比，在 c_K、c_C 相同，c_A 较大的情况下，相同温度 T_2，电导率 d_1 跟正常数据近似相等（应该是 c_A 越大，电导率越小），

故识别为离群点正确；374 号离群点与相似的正常数据相比，在 c_K、c_A、c_C 均近似相同的情况下，温度 T_1 较大，电导率 d_1 较大，而温度 T_3 较大，电导率 d_3 却较小，相互矛盾，故识别为离群点正确。除此之外，对于 Fast-MCD 识别为离群点的 24 号和 64 号数据，经过与正常数据相比，并未出现异常，故识别结果不正确。由此可见，表 3.3 中的 7 个点识别为离群点是正确的，数据中一共识别出 15 个离群点的数据索引为[4，15，44，57，59，61，66，73，127，133，283，299，371，374，376]，而 Fast-MCD 算法识别出 9 个正确的离群点，改进的 Fast-MCD 算法识别出 14 个正确的离群点，两种方法都有具一定的可靠性，结果比较如表 3.4 所示。

表 3.4　两种方法识别离群点结果比较

方法	循环迭代次数	运行时间/s	识别率
Fast-MCD	>500	2.625	9/15=60%
改进 Fast-MCD	6	0.735	14/15=93.3%

从表 3.4 中可以看出，改进的 Fast-MCD 算法迭代次数少，运行时间短，收敛速度快，识别率也较高。由此可以认为，改进的 Fast-MCD 算法是可行有效的。最终，390 组建模数据中有 15 组离群点数据被删除，剩余 375 组数据用于接下来建立铝酸钠溶液组分浓度软测量模型。

3.4　本章小结

在分析工业过程数据的时候，由于都是实际发生的数据，并不能简单地把某个数据偏大或者偏小的样本看作异常，但是可以用稳健估计的方法来识别和删除这些不规则数据，去除它们对整个计算结果的不合理影响，得出一个更科学合理的结果。本章利用模糊聚类算法对 Fast-MCD 方法进行改进，提高了算法的收敛速度和计算效率，具有较高的识别精度；将此方法应用于铝酸钠溶液温度和电导率数据的预处理，识别并删除了数据中的离群点，为铝酸钠溶液组分浓度软测量提供稳健、合理的建模数据，从而为建立更符合实际的铝酸钠溶液组分浓度软测量模型奠定了基础。

4

基于数据驱动的 HRNNPLS 铝酸钠
溶液组分浓度软测量方法

针对机理尚不清楚或机理参数难以获得的过程对象，一般采用基于数据驱动的软测量建模方法[126]。数据驱动建模技术是以描述样本数据的特征作为建模的主要准则，通过数据分析系统变量间的相互关系，其实质是一种"黑箱"建模技术。工业过程中，具有丰富的在线和离线测量数据，如温度、压力、流量、速度以及成分等，这为实现工业过程数据驱动建模提供了可能。数据建模方法从历史输入输出数据中提取有用信息，构建主导变量与辅助变量之间的数学关系。由于该方法无须了解太多的过程知识，因此成为一种通用的软测量建模方法。利用数据驱动思想建立的模型主要有自回归模型、神经网络模型、模糊模型、贝叶斯网络模型、PCA 和 PLS 模型、SVM 模型等。

本章采用数据驱动建模的方式建立铝酸钠溶液三种组分浓度的软测量模型。通过 2.2.4 节铝酸钠溶液组分浓度的特性分析可知，铝酸钠溶液组分浓度软测量模型的输入即温度和电导率之间存在近似线性关系。查阅文献可知，PLS 方法在化工建模中应用普遍，能够处理变量间多重共线性问题，因此适用于铝酸钠溶液组分浓度建模。然而，由于铝酸钠溶液组分浓度与温度、电导率之间存在非线性关系，采用普通线性 PLS 算法效果较差，因此采用非线性 PLS 算法。神经网络是建立具有强非线性、不确定性等特点的复杂工业过程的一类常用黑箱建模方法，具有良好的逼近非线性系统的能力，故将其与 PLS 方法相结合，拟合组分浓度的非线性特性。考虑到此刻组分浓度与过去时刻存在一定的动态关联，故将动态建模思想加入数据驱动建模过程之中。采用具有非线性及动态映射能力的 HRNN，与外部 PLS 算法相结合组成 HRNNPLS 建模方法。为了更新模型参数并保证建模误差的有界性，内部采用具有稳定学习的参数估计算法，取得了良好的应用效果。

本章内容组织结构如下：4.1 节介绍现有的非线性动态 PLS 方法，指出其存在的问题；4.2 节提出了基于数据驱动的 HRNNPLS 建模方法，包括模型结构以及建模算法等；4.3 节介绍了基于 HRNNPLS 算法的铝酸钠溶液组分浓度软测量；4.4 节运用氧化铝厂实际运行数据进行组分浓度仿真试验，验证方法的有效性。

4.1 非线性动态 PLS 方法及存在问题

尽管 PLS 回归方法为输入变量多重共线性和样本量少等问题提供了补充，但它的主要局限性在于只能提取数据中的线性信息。许多实际数据本质上是非线性的，需要能够建立非线性关系的模型。因此，为了处理非线性问题，PLS 方法被推广到非线性领域，出现了一系列非线性 PLS 方法。目前大致可分为两类：一类是外部对样本（输入矩阵）进行变换，如基于核函数的 KPLS 方法[127]，基于切比雪夫多项式的自适应 PLS 方法[128]，基于机理的样本矩阵变换 PLS 方法[129,130] 和基于小波函数的 Wavelet-PLS 方法[131]等；另一类是保留 PLS 方法的线性外部模型，内部采用非线性模型进行拟合，即首先采用线性 PLS 方法，通常利用非线性迭代偏最小二乘回归算法，得到输入输出矩阵的特征向量，然后采用非线性函数拟合特征向量之间的关系。如基于二次函数的 QPLS 方法[132]，它保留 PLS 的线性外部模型，内部采用二阶多项式形式拟合非线性；基于样条函数的 SPL-PLS 方法[133]，即用平滑样条函数（二阶或三阶）表述每对特征向量的非线性关系；基于模糊推理的 FPLS 方法[134]，即内部采用多个 TSK 模型，有效利用专家知识，拟合系统的非线性特征；基于神经网络的 NNPLS 方法[135,136]，即内部采用神经网拟合非线性等。

NNPLS 方法继承了神经网络逼近非线性的能力，具体步骤如下：先用线性 PLS 方法得到输入输出特征向量 t 和 u，然后用以 Sigmoid 函数作为激励函数的三层神经网络来表述输入输出向量间的非线性关系，每一对特征向量间的关系用一个神经网络来描述，如图 4.1 所示。同时，Qin 等[135]证明 NNPLS 模型等价于一个多层前向神经网络，只是采用 NNPLS 自己独特的训练方式。

NNPLS 与一般神经网络的不同之处在于，数据首先经过 PLS 的外部特征投影再用于训练神经网络。NNPLS 的外部线性变换将多元建模问题分解为若干个单入单出的神经网络训练问题，不仅去除了数据间的相关信息，同时网络结构将简化，网络参数可减少，网络的设计和训练将趋于容易，从而避免了一般神经网络训练的过参数问题（预测方差大，对噪声敏感等），并使网络训练不易陷入局部极小点。

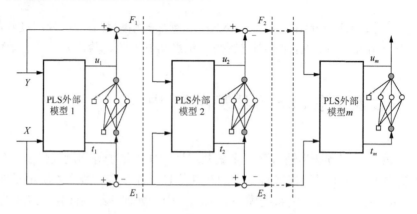

图 4.1　NNPLS 方法结构示意图

为将 PLS 回归方法应用于动态工业过程的监测和控制,并将它们用于动态过程大样本数据的建模以跟踪过程变化,学者发展了动态 PLS 方法,例如,有将 PLS 方法与输入时间序列模型相结合的 PLS-ARX 和 PLS-FIR 线性动态 PLS 方法[137],也有不仅与输入时间序列而且与输出时间序列模型相结合的 PLS-ARMA 线性动态 PLS 方法[138]。然而这类方法都还属于线性动态建模,不能够拟合过程的非线性特征,并且这类在 PLS 外部取动态的算法,由于增加了前些时刻的数据,使输入矩阵维数增大,导致模型计算复杂,难于操作。

大部分工业过程存在非线性及动态特性,故将线性 PLS 扩展为非线性动态算法是解决问题的有效途径。在化工过程方面,Lakshminarayanan 等在文献[139]中提出了将 PLS 与 Hammerstein 模型相结合的非线性动态建模方法,用多项式描述 Hammerstein 模型的非线性部分,并将其应用于控制器的设计。然而,采用多项式函数逼近 Hammerstein 模型的非线性增益部分时,多项式阶次的选择会影响模型的辨识精度,阶次过高会引起严重振荡,并且模型的参数总量会随着多项式阶次的升高而急剧增加[140],导致模型规模较大,不易求解。另外,还有一种将 PLS 方法与动态神经网络相结合的 DNNPLS 方法[141],采用动态神经网络模型来代替原来用于拟合内部关系的静态神经网络,更具有一般性,可以描述较复杂的非线性动态关系。然而 DNNPLS 方法是一种完全的非线性动态建模方法,不能描述具有非线性静态和近似动态线性关系的铝酸钠溶液组分浓度软测量模型,并且学习算法也不能保证建模误差有界。

4.2　基于数据驱动的 HRNNPLS 建模方法

针对目前已有非线性动态 PLS 方法存在的问题,本章将 PLS 算法与 HRNN

相结合，利用 PLS 算法可以降低输入数据维数、去除多重共线性的优点，结合 Hammerstein 模型可以描述任意稳态非线性并能够保留某些动态线性特征、神经网络具有较好的非线性函数逼近能力等优点，提出一种新的非线性动态 PLS 建模方法，即 HRNNPLS 建模方法。

4.2.1 问题描述

本章提出的基于 HRNNPLS 的建模方法，结合了 PLS、Hammerstein 模型以及神经网络三者的优点，存在的关键问题是模型参数的估计方法，主要是指内部模型参数的估计方法。

Hammerstein 模型的辨识一直是一个热门课题，现有的辨识方法主要分为三类。第一类采用传统的迭代法，最早由 Narendra 等[142]提出，主要利用广义最小二乘法对其进行辨识，但需要对数据反复过滤，计算复杂，效率不高，并且不能保证收敛[143]。第二类方法由 Billings 提出，利用分离原理，将稳态估计和动态辨识相结合，然而这种方法需要严格假设输入为白噪声[144]。上述两种方法均假设系统线性部分阶次和时延已知。第三类方法由 Bai[145]和 Gomez 等[146]提出，是基于最小二乘和特征值分解的辨识方法，假设输入为持续激励，并可获得在有噪声情况下系统的有效辨识。但这种算法只在被控对象可以无误差的分解为非线性和线性环节，且非线性部分的基先验已知，还有最小二乘所得参数矩阵的秩为 1 时，才能保证辨识误差在额定范围内，否则辨识误差将受到参数矩阵其他特征值的干扰，无法保证辨识误差落入允许范围。在此基础上，向微等[147]将非线性静态部分和线性动态部分分别用非线性基和 Laguerre 级数表示，然后通过最小二乘法、矩阵特征值分解和矩阵扩维，辨识出两部分参数，并证明了该方法在输出端存在白噪声情况下误差的收敛性。此方法的缺点是计算复杂，并且需假设输入为持续激励。

Hammerstein 模型的非线性部分除了多项式形式之外，还有不同的函数形式，学习过程也得到了广泛研究，比如采用神经网络和最小二乘支持向量机等方法进行辨识。文献[148]采用混合神经网络和 BP 算法来辨识 Hammerstein 模型，包括多层前馈神经网络（multi-layer feed-forward neural network，MFNN）和线性神经网络（linear neural network，LNN）两部分结构。MFNN 是典型的神经网络，包括一个输入层、一个输出层和一个隐层，用来辨识 Hammerstein 的非线性部分，而 LNN 被用来辨识 Hammerstein 模型的线性动态部分。相比于其他辨识方法，采用 BP 法同步训练 MFNN 和 LNN 的权值和阈值较方便，但标准的 BP 算法收敛速度较慢，训练时间较长，容易陷入局部最优。文献[149]结合子空间辨识和最小二乘支持向量机辨识多输入多输出 Hammerstein 模型，但求解之前需将二次规划问题转换为求解线性方程组问题，并且增加新数据样本时，需要重新进行优化求解，计算步骤较复杂。

另一方面，Wang 等提出一种可以用状态空间表示的类似 Hammerstein 模型结构的全自动递归神经网络[150]，同样包括非线性静态和线性动态两部分。全自动构造算法包括利用 Lipschitz 系数选择模型阶次、分别给定静态和动态网络的初始参数以及采用递归算法更新模型参数等步骤，适用于高精度系统建模。然而这种构造算法步骤复杂，耗时且计算量大。为了简化算法并用于设计控制器，文献[151]在此基础上对算法进行了简化，提出了基于最小描述长度原理的 HRNN 模型，并将其用于控制非线性动态系统，仿真结果验证了方法的有效性。然而这种方法中的模型参数估计采用的是一阶导数加动量的 BP 改进算法，无法保证建模误差的稳定性。

综上可知，HRNN 兼具 Hammerstein 模型和神经网络的优点，是一种有效的非线性动态建模方法。虽然只要神经网络的隐含层节点个数足够多，就可以逼近任何非线性函数，但是不能保证非线性动态系统建模误差的稳定性[152]。因此，本章利用 BP 算法可以同步训练非线性和线性部分网络权值和阈值的优点，结合文献[151]，将 Hammerstein 模型与递归神经网络相结合构成的 HRNN 写成状态空间形式，并提出一种具有稳定学习的 HRNN 模型算法。然后将其与外部 PLS 算法相结合，共同组成 HRNNPLS 算法。

4.2.2 HRNNPLS 模型结构

HRNNPLS 软测量模型结构如图 4.2 所示，外部采用 PLS 算法从样本数据中成对地提取最优成分，使多变量系统降维，并消除其间的耦合关系。内部采用具有类似 Hammerstein 模型结构的 HRNN 对提取的每对成分进行建模，利用递归神经网络模型的特点，结合 PLS 方法，共同描述系统的非线性及动态特性。

1. 外部 PLS 模型

PLS 方法是建立在多元线性回归和主成分分析基础上的一种基于高维投影思想的回归方法。它以协方差最大为准则提取输入输出空间相互正交的特征向量，所提取的特征向量不仅尽可能地描述了输入空间的变化，而且对输出变量具有较好的解释作用，适用于样本数较少，变量数较多且相关严重的过程建模。与主元回归相比，PLS 在选取特征向量时强调输入对输出的解释作用，去除了对回归无益的噪声，使模型包含最少的变量数，因此具有更好的鲁棒性和预测稳定性，已广泛地应用于过程建模和监控领域[43]。

假设 X 和 Y 分别为输入输出数据矩阵，首先将输入输出矩阵 X、Y 分解为特征向量（t 和 u）、负荷向量（p 和 q）以及残差（E 和 F）：

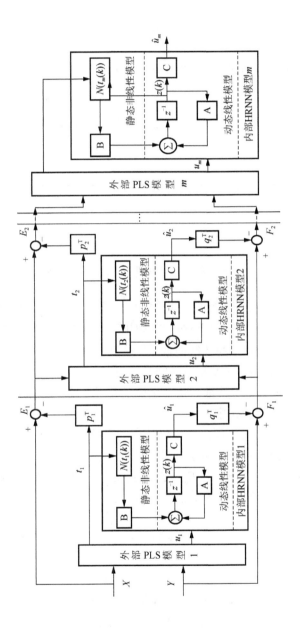

图 4.2　HRNNPLS 软测量模型结构

$$X = \sum_{h=1}^{m} t_h p_h^{\mathrm{T}} + E \tag{4.1}$$

$$Y = \sum_{h=1}^{m} u_h q_h^{\mathrm{T}} + F \tag{4.2}$$

式中，$h = 1, 2, \cdots, m$，为提取 m 对特征向量。几何解释如图 4.3 所示[17]。

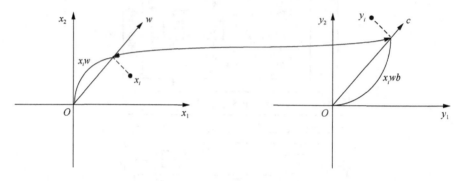

图 4.3　偏最小二乘回归算法几何示意图

图 4.3 中，w 和 c 分别为 X 和 Y 的投影轴。PLS 算法目标函数如下：

$$\max[\mathrm{cov}(w^{\mathrm{T}}X, c^{\mathrm{T}}Y)] = \max[\mathrm{cov}(t, u)] = \max\left[\sqrt{\mathrm{var}(t)\,\mathrm{var}(u)}\,r(t, u)\right] \tag{4.3}$$

由此可见，输入变量 X 的特征向量 t 与输出变量的特征向量 u 之间的协方差，实质上可以分成三部分：一是 X 空间特征向量 t 的方差；二是 Y 空间特征向量 u 的方差；三是特征向量 t 与特征向量 u 之间的相关系数 r。因此，协方差极大化，就是上述三部分极大化的折中。

首先将数据做标准化处理，标准化处理的目的是使样本点集合的重心与坐标原点重合，并可以消除由量纲所引起的虚假变异信息，使分析结果更合理。X 经过标准化处理后的数据矩阵记为 E_0，Y 经过标准化处理后的数据矩阵记为 F_0，以第一对主成分 t_1、u_1 为例，PLS 算法的目标函数可以写成求解如下优化问题[43]：

$$\begin{aligned} &\max\langle E_0 w_1, F_0 c_1\rangle \\ &\mathrm{s.t.}\ w_1'w_1 = 1 \\ &\qquad c_1'c_1 = 1 \end{aligned} \tag{4.4}$$

采用拉格朗日算法，有

$$L = w_1' E_0' F_0 c_1 - \lambda_1(w_1'w_1 - 1) - \lambda_2(c_1'c_1 - 1) \tag{4.5}$$

对 L 分别求关于 w_1、c_1、λ_1、λ_2 的偏导，并使其为零，有

$$\frac{\partial L}{\partial w_1} = E_0' F_0 c_1 - 2\lambda_1 w_1 = 0 \tag{4.6}$$

$$\frac{\partial L}{\partial c_1} = w_1' E_0' F_0 - 2\lambda_2 c_1 = 0 \tag{4.7}$$

$$\frac{\partial L}{\partial \lambda_1} = -(w_1' w_1 - 1) = 0 \tag{4.8}$$

$$\frac{\partial L}{\partial \lambda_2} = -(c_1' c_1 - 1) = 0 \tag{4.9}$$

由式（4.6）～式（4.9）可以推出：

$$2\lambda_1 = 2\lambda_2 = w_1' E_0' F_0 c_1 = \langle E_0 w_1, F_0 c_1 \rangle \tag{4.10}$$

令 $\theta_1 = 2\lambda_1 = 2\lambda_2 = w_1' E_0' F_0 c_1$，$\theta_1$ 正是优化问题的目标函数值。

由式（4.6）和式（4.7）有

$$E_0' F_0 c_1 = 2\lambda_1 w_1 = \theta w_1 \tag{4.11}$$

$$w_1' E_0' F_0 = 2\lambda_2 c_1 = \theta_1 c_1 \Rightarrow c_1 = \frac{w_1' E_0' F}{\theta_1} \tag{4.12}$$

将式（4.12）代入式（4.11），有

$$E_0' F_0 F_0' E_0 w_1 = \theta_1^2 w_1 \tag{4.13}$$

同理可得

$$F_0' E_0 E_0' F_0 c_1 = \theta_1^2 c_1 \tag{4.14}$$

因此，w_1 是矩阵 $E_0' F_0 F_0' E_0$ 的特征向量，θ_1^2 为对应的特征值，目标函数值 θ_1 要求最大，则 w_1 为对应于矩阵 $E_0' F_0 F_0' E_0$ 的最大特征值的单位特征向量。同理，c_1 是对应于矩阵 $F_0' E_0 E_0' F_0$ 的最大特征值的单位特征向量[153]。PLS 算法计算步骤如下。

第一步，令 $E_0 = X$，$F_0 = Y$，求得轴 w_1 和 c_1 后，即可得到第一对主成分：

$$t_1 = E_0 w_1 \tag{4.15}$$

$$u_1 = F_0 c_1 \tag{4.16}$$

第二步，分别求 E_0 和 F_0 对 t_1 和 u_1 的三个回归方程：

$$E_0 = t_1 p_1' + E_1 \tag{4.17}$$

$$F_0 = u_1 q_1' + F_1^0 \tag{4.18}$$

$$F_0 = t_1 r_1' + F_1 \tag{4.19}$$

式中，回归系数向量是

$$p_1 = \frac{E_0' t_1}{\|t_1\|^2} \tag{4.20}$$

$$q_1 = \frac{F_0' u_1}{\|u_1\|^2} \tag{4.21}$$

$$r_1 = \frac{F_0' t_1}{\|t_1\|^2} \qquad\qquad (4.22)$$

其中，E_1、F_1^0、F_1 分别是三个回归方程的残差矩阵。

第三步，用残差矩阵 E_1 和 F_1 取代 E_0 和 F_0，然后求第二个轴 w_2 和 c_2，以及第二对主成分，如此计算下去，直至提取的 m 对特征向量使残差矩阵 E_m 和 F_m 中几乎不再含有对回归有用的信息，一般主元个数选择采用交叉验证方法。

交叉验证法从理论上来说，对于训练数据，当主元个数选的足够多时，与最小二乘的解是相同的。然而，建立 PLS 模型的目标是为了对新的观测数据进行预测。如果主元个数过多，模型对训练数据拟合得太好，就会将噪声也包括进去。交叉验证方法用来避免训练数据的过拟合问题。典型的算法是留一交叉校验方法，即一次留一个（或多个）采样数据，然后用剩余的数据训练模型。训练结束后，模型用留下的未参与建模的数据进行测试，循环计算直至每一个样本都被留下一次。计算每组数据的模型预测误差累积平方和（prediction error of square sum，PRESS），定义如下：

$$\text{PRESS} = \sum_{i=1}^{n} \sum_{j=1}^{q} (y_{ij} - \hat{y}_{ij})^2 \qquad\qquad (4.23)$$

式中，$\hat{y}_{ij}$ 为被留下的第 i 个样本的第 j 个因变量的预报值；y_{ij} 为第 i 个样本的第 j 个因变量的原始目标值。PLS 成分从少到多，对每一种成分个数都进行 n 次留一计算该数目下的 PRESS，比较 PRESS 减少趋势，当减少的数值达到某一阈值时，作为 PLS 模型保留的特征向量数目。虽然交叉验证算法计算量较大，但它是决定主元个数的有效方法。

2. 内部 HRNN 模型

内部 HRNN 模型是将 Hammerstein 模型与递归神经网络相结合的一种形式，结构如图 4.4 所示[150]。

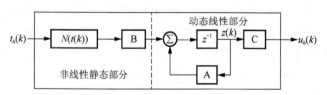

图 4.4 内部 HRNN 模型结构图

内部 HRNN 模型结构可分成非线性静态和线性动态两部分。非线性静态模型通过一个非线性变换将输入空间映射到状态空间，然后状态空间通过一个线性动态映射到输出空间。状态空间方程表示如下：

$$z(k+1) = Az(k) + BN[t(k)] \qquad (4.24)$$

$$u(k) = Cz(k) \qquad (4.25)$$

式中，$A \in R^{J \times J}$，$B \in R^{J \times J}$，$C \in R^{1 \times J}$，$N \in R^{J}$。以第 h 个内部模型为例，$t = [t_h]$，$u = [u_h]$，$h = 1,2,\cdots,m$，表示第 h 个内部模型的输入和输出变量。

Hammerstein 模型是化工过程中最常用的模型之一，根据非线性动态系统分解定理，当输入信号能量有限时，连续泛函所表征的非线性动态系统总可以分解成一个线性动态系统和一个非线性即时系统。Hammerstein 模型由一个非线性增益串接一个线性系统构成，用线性子系统描述对象的动态特性，用非线性增益来修正线性模型，是研究非线性系统的重要方法之一[154,155]。由于 Hammerstein 模型非线性部分无需历史输入、输出信息，较易辨识、计算量少、能较好地反映过程特性，因此应用广泛，已在具有幂函数、死区、开关等特性的过程，视觉皮层、蒸馏塔和热交换系统、pH 中和过程和发动机振动系统等过程中得以应用[156,157]。

递归神经网络在众多的神经网络结构中，由于学习能力强、结构灵活等优点，被认为是一种建模和控制复杂动态系统的有效工具[158]。递归神经网络采用递归预报误差算法训练神经网络，具有收敛速度快、收敛精度高的特点。其反馈特征，使得递归神经网络模型能获取系统的动态响应特性，特别适用于非线性动态建模，并得到广泛应用[159,160]。

HRNN 继承了 Hammerstein 模型和神经网络的优点。以第 h 对主成分建立的内部 HRNN 模型为例，其网络结构如图 4.5 所示。其中 $t_h(k)$ 和 $u_h(k)$ 分别表示第 h（$h = 1,2,\cdots,m$）个内部模型的输入和输出变量。输出量 $u_h(k)$ 和状态变量 $z_h(k)$ 通过每层节点计算获得，公式如下：

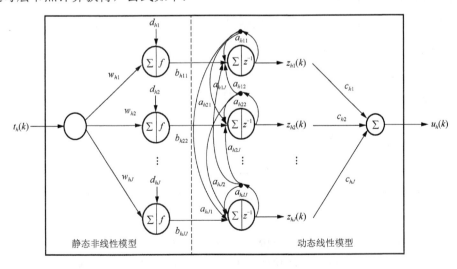

图 4.5　内部 HRNN 模型拓扑结构图

$$u_h(k) = c_h z_h(k) = \sum_{j=1}^{J} c_{hj} z_{hj}(k) \tag{4.26}$$

$$z_{hj}(k) = \sum_{i=1}^{J} \left[a_{hji} z_{hi}(k-1) \right] + b_{hjj} n_{hj}(k-1) \tag{4.27}$$

$$n_{hj}(k) = f\left[g_{hj}(k) \right] = \frac{\exp\left[g_{hj}(k) \right] - \exp\left[-g_{hj}(k) \right]}{\exp\left[g_{hj}(k) \right] + \exp\left[-g_{hj}(k) \right]} \tag{4.28}$$

$$g_{hj}(k) = w_{hj} t_h(k) + d_{hj} \tag{4.29}$$

式中，w_{hj} 是输入层与隐含层第 j 个神经元之间的权值；d_{hj} 是第 j 个隐含层节点的阈值。

4.2.3 HRNNPLS 模型算法

HRNNPLS 模型继承了 PLS 与 HRNN 算法的优点，既能去除输入数据之间的相关信息，简化网络结构，又能拟合系统的非线性，利用网络动态映射能力通过存储过去的信息从而获得更好的精度[161]。

1. HRNN 模型的稳定学习算法

外部采用标准 PLS 算法获取特征向量，而对于内部 HRNN 模型参数，这里选择具有稳定学习能力的参数估计算法。以第 h 个内部模型为例，模型输出误差为

$$E_h(w,k) = \frac{1}{2}[u_h(k) - \hat{u}_h(k)]^2 = \frac{1}{2} e_h(k)^2 \tag{4.30}$$

式中，$e_h(k) = u_h(k) - \hat{u}_h(k)$。

稳定学习公式推导过程如下。根据第 h 个内部模型的输出公式：

$$\hat{u}_h(k) = c_h z_h(k) = \sum_{j=1}^{J} c_{hj} z_{hj}(k)$$

$$= \sum_{j=1}^{J} c_{hj} \left(\sum_{i=1}^{J} [a_{hji} z_{hi}(k-1)] + b_{hjj} n_{hj}(k-1) \right)$$

$$= \sum_{j=1}^{J} c_{hj} \left(\sum_{i=1}^{J} [a_{hji} z_{hi}(k-1)] + b_{hjj} n_{hj}(k-1) \right)$$

$$= \sum_{j=1}^{J} c_{hj} \left\{ \sum_{i=1}^{J} [a_{hji} z_{hi}(k-1)] + b_{hjj} \left(\frac{\exp[w_{hj} t_h(k-1) + d_{hj}] - \exp[w_{hj} t_h(k-1) + d_{hj}]}{\exp[w_{hj} t_h(k-1) + d_{hj}] + \exp[w_{hj} t_h(k-1) + d_{hj}]} \right) \right\}$$

$$\tag{4.31}$$

可得，具有两个隐层单个输出的 HRNNPLS 网络模型可表示为

$$\hat{y}(k) = W_C(k)\{W_A(k)Z(k-1) + W_B(k)\varphi[W(k)X(k) + W_D(k)]\} \tag{4.32}$$

$$Z(k-1) = W_A(k-1)Z(k-2) + W_B(k-1)\varphi[W(k-1)X(k-1) + W_D(k-1)] \quad (4.33)$$

式中，$X(k) = t_h(k)$、$y(k) = u_h(k)$ 表示 HRNNPLS 网络的输入输出向量；$W = [w_j] \in R^{1 \times J}$ 表示第一个隐含层权值矩阵；$W_D = [d_j] \in R^{1 \times J}$ 表示第一个隐含层阈值矩阵，$W_B = [b_{ij}] \in R^{J \times J}$ 表示第二个隐含层权值矩阵；$W_A = [a_{ij}] \in R^{J \times J}$ 表示第二个隐含层另一权值矩阵；$W_C = [c_j] \in R^{J \times 1}$ 表示输出层权值矩阵；网络的输入层节点个数为 1，J 表示神经网络的隐含层节点个数；φ 表示第 1 个隐含层节点的基函数。

存在理想的权值矩阵使得

$$\hat{y}(k) = W_C^*(k)\{W_A^*(k)Z(k-1) + W_B^*(k)\varphi[W^*(k)X(k) + W_D^*(k)]\} - \mu(k) \quad (4.34)$$

式中，$\mu(k)$ 表示未建模动态。

建模误差 $e(k)$ 可表示为

$$e(k) = W_C(k)\{W_A(k)Z(k-1) + W_B(k)\varphi[W(k)X(k) + W_D(k)]\} - W_C^*(k)\{W_A^*(k)Z(k-1)$$
$$+ W_B^*(k)\varphi[W^*(k)X(k) + W_D^*(k)]\} + \mu(k) \quad (4.35)$$

Taylor 级数展开：

$$e(k) = \sum_{j=1}^{J} \frac{\partial \hat{y}}{\partial W_{Cj}}[W_{Cj}(k) - W_{Cj}^*(k)] + \sum_{j=1}^{J}\sum_{i=1}^{J} \frac{\partial \hat{y}}{\partial W_{Aji}}[W_{Aji}(k) - W_{Aji}^*(k)]$$
$$+ \sum_{j=1}^{J}\sum_{j=1}^{J} \frac{\partial \hat{y}}{\partial W_{Bjj}}[W_{Bjj}(k) - W_{Bjj}^*(k)] + \sum_{j=1}^{J} \frac{\partial \hat{y}}{\partial W_j}[W_j(k) - W_j^*(k)] \quad (4.36)$$
$$+ \sum_{j=1}^{J} \frac{\partial \hat{y}}{\partial W_{Dj}}[W_{Dj}(k) - W_{Dj}^*(k)] + \varepsilon(k)$$

式中，$\varepsilon(k)$ 表示 Taylor 级数的高阶项。式中各求导项分别为

$$\frac{\partial \hat{y}}{\partial W_{Cj}} = z_{hj}(k)$$

$$\frac{\partial \hat{y}}{\partial W_{Aji}} = c_{hj}(k)[z_{hi}(k) + a_{hjj}(k-1)z_{hi}(k-2)]$$

$$\frac{\partial \hat{y}}{\partial W_{Bjj}} = c_{hj}(k)[n_{hj}(k) + a_{hjj}(k-1)n_{hj}(k-2)]$$

$$\frac{\partial \hat{y}}{\partial W_j} = c_{hj}(k)[t_h(k)b_{hjj}(k) \times \frac{4}{(e^{g_{hj}(k)} + e^{-g_{hj}(k)})^2} + a_{hjj}(k-1)t_h(k-2)b_{hjj}(k-2)$$
$$\times \frac{4}{(e^{g_{hj}(k-2)} + e^{-g_{hj}(k-2)})^2}]$$

$$\frac{\partial \hat{y}}{\partial W_{Dj}} = c_{hj}(k)\left[b_{hjj}(k) \times \frac{4}{(e^{g_{hj}(k)} + e^{-g_{hj}(k)})^2} + a_{hjj}(k-1)b_{hjj}(k-2) \times \frac{4}{(e^{g_{hj}(k-2)} + e^{-g_{hj}(k-2)})^2}\right]$$

故 $e(k)$ 表示为如下矩阵形式：

$$e(k) = \tilde{W}_C(k)Z(k) + E^{\mathrm{T}}\tilde{W}_A(k)A(k)E + E^{\mathrm{T}}\tilde{W}_B(k)B(k)E + \tilde{W}(k)W_W(k)$$
$$+ \tilde{W}_D(k)D(k) + \delta(k) \tag{4.37}$$

式中，$\tilde{W}_C(k)$、$\tilde{W}_A(k)$、$\tilde{W}_B(k)$、$\tilde{W}(k)$、$\tilde{W}_D(k)$ 分别表示权值估计误差；$\delta(k)$ 表示 Taylor 级数的高阶项与未建模动态之和。

$$\tilde{W}_C(k) = W_C(k) - W_C^* = [c_{h1} - c_{h1}^*, \cdots, c_{hJ} - c_{hJ}^*]$$

$$Z(k) = [z_{h1}, \cdots, z_{hJ}]^{\mathrm{T}}$$

$$\tilde{W}_A(k) = W_A(k) - W_A^* = \begin{bmatrix} a_{h11} - a_{h11}^* & \cdots & a_{h1J} - a_{h1J}^* \\ \vdots & & \vdots \\ a_{hJ1} - a_{hJ1}^* & \cdots & a_{hJJ} - a_{hJJ}^* \end{bmatrix}$$

$$A(k) = \begin{bmatrix} c_{h1}(k)[z_{h1}(k) + a_{h11}(k-1)z_{h1}(k-2)] & \cdots & c_{h1}(k)[z_{hJ}(k) + a_{h1J}(k-1)z_{hJ}(k-2)] \\ \vdots & & \vdots \\ c_{hJ}(k)[z_{h1}(k) + a_{hJ1}(k-1)z_{h1}(k-2)] & \cdots & c_{hJ}(k)[z_{hJ}(k) + a_{hJJ}(k-1)z_{hJ}(k-2)] \end{bmatrix}$$

$$E = [1, \cdots, 1]^{\mathrm{T}}, \quad \tilde{W}_B(k) = W_B(k) - W_B^* = \begin{bmatrix} b_{h11} - b_{h11}^* & \cdots & b_{h1J} - b_{h1J}^* \\ \vdots & & \vdots \\ b_{hJ1} - b_{hJ1}^* & \cdots & b_{hJJ} - b_{hJJ}^* \end{bmatrix}$$

$$B(k) = \begin{bmatrix} c_{h1}(k)[n_{h1}(k) + a_{h11}(k-1)n_{h1}(k-2)] & \cdots & 0 \\ \vdots & & \vdots \\ 0 & \cdots & c_{hJ}(k)[n_{hJ}(k) + a_{hJJ}(k-1)n_{hJ}(k-2)] \end{bmatrix}$$

$$\tilde{W}(k) = W(k) - W^* = [w_{h1} - w_{h1}^*, \cdots, w_{hJ} - w_{hJ}^*]$$

$$W_W(k) =$$
$$\begin{bmatrix} c_{h1}(k)\left[t_h(k)b_{h11}(k) \times \dfrac{4}{(e^{g_{h1}(k)} + e^{-g_{h1}(k)})^2} + a_{h11}(k-1)t_h(k-2)b_{h11}(k-2) \times \dfrac{4}{(e^{g_{h1}(k-2)} + e^{-g_{h1}(k-2)})^2}\right] \\ \vdots \\ c_{hJ}(k)\left[t_h(k)b_{hJJ}(k) \times \dfrac{4}{(e^{g_{hJ}(k)} + e^{-g_{hJ}(k)})^2} + a_{hJJ}(k-1)t_h(k-2)b_{hJJ}(k-2) \times \dfrac{4}{(e^{g_{hJ}(k-2)} + e^{-g_{hJ}(k-2)})^2}\right] \end{bmatrix}$$

$$\tilde{W}_D(k) = W_D(k) - W_D^* = \left[d_{h1} - d_{h1}^*, \cdots, d_{hJ} - d_{hJ}^*\right]$$

$$D(k) =$$
$$\begin{bmatrix} c_{h1}(k)\left[b_{h11}(k) \times \dfrac{4}{(e^{g_{h1}(k)} + e^{-g_{h1}(k)})^2} + a_{h11}(k-1)b_{hj11}(k-2) \times \dfrac{4}{(e^{g_{h1}(k-2)} + e^{-g_{h1}(k-2)})^2}\right] \\ \vdots \\ c_{hJ}(k)\left[b_{hJJ}(k) \times \dfrac{4}{(e^{g_{hJ}(k)} + e^{-g_{hJ}(k)})^2} + a_{hJJ}(k-1)b_{hJJ}(k-2) \times \dfrac{4}{(e^{g_{hJ}(k-2)} + e^{-g_{hJ}(k-2)})^2}\right] \end{bmatrix}$$

$$\delta(k) = \varepsilon(k) + \mu(k)$$

根据误差反传原理，可推导出带稳定学习的第 h 个内部模型的参数更新算法如下：

$$c_{hj}(k+1) = c_{hj}(k) + \eta_{hk}e_h(k)z_{hj}(k) \tag{4.38}$$

$$a_{hji}(k+1) = a_{hji}(k) + \eta_{hk}e_h(k)c_{hj}(k)\left[z_{hi}(k) + a_{hjj}(k-1)\frac{\partial z_{hj}(k-1)}{\partial a_{hji}}\right] \tag{4.39}$$

$$b_{hjj}(k+1) = b_{hjj}(k) + \eta_{hk}e_h(k)c_{hj}(k)\left[n_{hj}(k) + a_{hjj}(k-1)\frac{\partial z_{hj}(k-1)}{\partial b_{hjj}}\right] \tag{4.40}$$

$$w_{hj}(k+1) = w_{hj}(k) + \eta_{hk}e_h(k)c_{hj}(k)\left[t_h(k)b_{hjj}(k)\times\frac{4}{(e^{g_{hj}(k)}+e^{-g_{hj}(k)})^2}\right.$$
$$\left. + a_{hjj}(k-1)\frac{\partial z_{hj}(k-1)}{\partial w_{hj}}\right] \tag{4.41}$$

$$d_{hj}(k+1) = d_{hj}(k) + \eta_{hk}e_h(k)c_{hj}(k)\left[b_{hjj}(k)\times\frac{4}{(e^{g_{hj}(k)}+e^{-g_{hj}(k)})^2}\right.$$
$$\left. + a_{hjj}(k-1)\frac{\partial z_{hj}(k-1)}{\partial d_{hj}}\right] \tag{4.42}$$

$$z_{hj}(k+1) = \sum_{i=1}^{J}a_{hji}z_{hi}(k) + b_{hjj}n_{hj}[t_h(k)] \tag{4.43}$$

式中，

$$\frac{\partial z_{hj}(k-1)}{\partial a_{hji}} = z_{hi}(k-2), \quad \frac{\partial z_{hj}(k-1)}{\partial b_{hjj}} = n_{hj}(k-2)$$

$$\frac{\partial z_{hj}(k-1)}{\partial w_{hj}} = t_h(k-2)b_{hjj}(k-2)\times\frac{4}{(e^{g_{hj}(k-2)}+e^{-g_{hj}(k-2)})^2}$$

$$\frac{\partial z_{hj}(k)}{\partial d_{hj}} = b_{hjj}(k-2)\times\frac{4}{(e^{g_{hj}(k-2)}+e^{-g_{hj}(k-2)})^2}$$

且 $\eta_{hk} = \dfrac{\eta_h}{1+\Phi_k}$，$0 < \eta_h \leqslant 1$，$\Phi_k = \|Z(k)\|^2 + \|A(k)\|^2 + \|B(k)\|^2 + \|W_W(k)\|^2 + \|D(k)\|^2$。

平均建模误差满足：

$$\bar{J} = \limsup_{T\to\infty}\frac{1}{T}\sum_{k=1}^{T}\|e_h(k)\|^2 \leqslant \frac{\eta_h}{\pi}\bar{\delta} \tag{4.44}$$

式中，$\pi = \dfrac{\eta_h}{[1+\max(\Phi_k)]^2}$，$\overline{\delta} = \max\left[\|\delta(k)\|^2\right]$。

2. 稳定性分析

ISS 稳定性定理是除 Lyapunov 之外的另一种分析稳定性的方法，它可以通过输入与状态特征得到一般的稳定性结论。

定义 4.1 如果函数 $\gamma:R_{\geqslant 0}\to R_{\geqslant 0}$ 连续、严格增，并且满足 $\gamma(0)=0$，则称 γ 为 κ 类函数，也称锲形函数。

定义 4.2 如果无界函数 $\alpha:R_{\geqslant 0}\to R_{\geqslant 0}$ 连续、严格增，并且满足 $\alpha(0)=0$，则称 α 为 κ_∞ 类函数。

定义 4.3 [162]若连续函数 $V:R^n\to R_{\geqslant 0}$ 是正定的，即当 $x\neq 0$ 时 $V(x)>0$，且 $V(0)=0$；同时也是径向无界的，即当 $|x|\to\infty$ 时 $V(x)\to 0$，若存在 $\alpha_1,\alpha_2\in\kappa_\infty$，使

$$\alpha_1(|x|)\leqslant V(x)\leqslant\alpha_2(|x|),\forall x\in R^n \tag{4.45}$$

则它是能量函数。

若存在 $\alpha_3\in\kappa_\infty$，$\gamma\in\kappa$，使得光滑能量函数 V 满足：

$$V_{k+1}-V_k\leqslant -\alpha_3(|x(k)|)+\gamma(|u(k)|),\forall x,u \tag{4.46}$$

则 $V(x,u)$ 定义为系统的 ISS-Lyapunov 函数。

定理 1[163] 若一个有输入的非线性系统使一个光滑的 ISS-Lyapunov 函数成立，则它是输入到状态稳定的。

定理 2[162] 下列三种情况是等价的：

（1）系统是 ISS 的。

（2）系统是鲁棒稳定的。

（3）系统满足一个光滑的 ISS-Lyapunov 函数。

下面将给出内部模型 HRNN 算法的稳定性分析，说明所提出的稳定学习算法能够尽可能地辨识误差。

证明：

选择正定矩阵 L_k 为

$$L_k = \|\tilde{W}_C(k)\|^2 + \|\tilde{W}_A(k)\|^2 + \|\tilde{W}_B(k)\|^2 + \|\tilde{W}(k)\|^2 + \|\tilde{W}_D(k)\|^2 \tag{4.47}$$

那么

$$\Delta L_k = L_{k+1} - L_k$$

$$
\begin{aligned}
&= \left\| \tilde{W}_C(k) - \eta_{hk} e_h(k) Z(k) \right\|^2 - \left\| \tilde{W}_C(k) \right\| + \left\| \tilde{W}_A(k) - \eta_{hk} e_h(k) A(k) \right\|^2 - \left\| \tilde{W}_A(k) \right\| \\
&\quad + \left\| \tilde{W}_B(k) - \eta_{hk} e_h(k) B(k) \right\|^2 - \left\| \tilde{W}_B(k) \right\| + \left\| \tilde{W}(k) - \eta_{hk} e_h(k) W_W(k) \right\|^2 - \left\| \tilde{W}(k) \right\| \\
&\quad + \left\| \tilde{W}_D(k) - \eta_{hk} e_h(k) D(k) \right\|^2 - \left\| \tilde{W}_D(k) \right\| \\
&= \eta_{hk}{}^2 \left\| e_h(k) \right\|^2 \left(\left\| Z(k) \right\|^2 + \left\| A(k) \right\|^2 + \left\| B \right\|^2 + \left\| W_W(k) \right\|^2 + \left\| D(k) \right\|^2 \right) \\
&\quad - 2\eta_{hk} \left\| e_h(k) \right\| \times \left\| \tilde{W}_C(k) Z(k) + E^{\mathrm{T}} \tilde{W}_A(k) A(k) E + E^{\mathrm{T}} \tilde{W}_B(k) B(k) E \right. \\
&\quad \left. + \tilde{W}(k) W_W(k) + \tilde{W}_D(k) D(k) \right\| \\
&= \eta_{hk}{}^2 \left\| e_h(k) \right\|^2 \left(\left\| Z(k) \right\|^2 + \left\| A(k) \right\|^2 + \left\| B \right\|^2 + \left\| W_W(k) \right\|^2 + \left\| D(k) \right\|^2 \right) \\
&\quad - 2\eta_{hk} \left\| e_h(k) \right\| \times \left\| e(k) - \delta(k) \right\| \\
&\leqslant \eta_{hk}{}^2 \left\| e_h(k) \right\|^2 \left(\left\| Z(k) \right\|^2 + \left\| A(k) \right\|^2 + \left\| B \right\|^2 + \left\| W_W(k) \right\|^2 + \left\| D(k) \right\|^2 \right) \\
&\quad - 2\eta_{hk} \left\| e_h(k) \right\|^2 + \eta_{hk} \left(\left\| e_h(k) \right\|^2 + \left\| \delta(k) \right\|^2 \right) \\
&= \eta_{hk}{}^2 \left\| e_h(k) \right\|^2 \left(\left\| Z(k) \right\|^2 + \left\| A(k) \right\|^2 + \left\| B \right\|^2 + \left\| W_W(k) \right\|^2 + \left\| D(k) \right\|^2 \right) \\
&\quad - \eta_{hk} \left\| e_h(k) \right\|^2 + \eta_{hk} \left\| \delta(k) \right\|^2 \\
&= -\eta_{hk} \left\| e_h(k) \right\|^2 \left[1 - \eta_{hk} \left(\left\| Z(k) \right\|^2 + \left\| A(k) \right\|^2 + \left\| B \right\|^2 + \left\| W_W(k) \right\|^2 + \left\| D(k) \right\|^2 \right) \right] + \eta_{hk} \left\| \delta(k) \right\|^2
\end{aligned}
$$

$$
\leqslant -\pi \left\| e_h(k) \right\|^2 + \eta_h \left\| \delta(k) \right\|^2 \tag{4.48}
$$

这里定义：

$$
\eta_{hk} = \frac{\eta_h}{1 + \Phi_k}, \quad 0 < \eta_h \leqslant 1
$$

$$
\Phi_k = \left\| Z(k) \right\|^2 + \left\| A(k) \right\|^2 + \left\| B(k) \right\|^2 + \left\| W_W(k) \right\|^2 + \left\| D(k) \right\|^2 \quad \pi = \frac{\eta_h}{[1 + \max(\Phi_k)]^2}
$$

那么

$$
\begin{aligned}
\Delta L_k &\leqslant -\frac{\eta_h}{1 + \Phi_k} \left\| e_h(k) \right\|^2 \left[1 - \frac{\eta_h}{1 + \Phi_k} \Phi_k \right] + \eta_{hk} \left\| \delta(k) \right\|^2 \\
&\leqslant -\frac{\eta_h}{1 + \Phi_k} \left\| e_h(k) \right\|^2 \left[1 - \frac{1}{1 + \Phi_k} \Phi_k \right] + \eta_{hk} \left\| \delta(k) \right\|^2 \\
&\leqslant -\pi \left\| e_h(k) \right\|^2 + \eta_h \left\| \delta(k) \right\|^2
\end{aligned} \tag{4.49}
$$

由于

$$n\left[\min(\tilde{c}_{hj}^2) + \min(\tilde{a}_{hji}^2) + \min(\tilde{b}_{hjj}^2) + \min(\tilde{w}_{hj}^2) + \min(\tilde{d}_{hj}^2)\right] \leqslant L_k \leqslant n[\max(\tilde{c}_{hj}^2) + \max(\tilde{a}_{hji}^2)$$
$$+ \max(\tilde{b}_{hjj}^2) + \max(\tilde{w}_{hj}^2) + \max(\tilde{d}_{hj}^2)]$$

式中，$n\left[\min(\tilde{c}_{hj}^2) + \min(\tilde{a}_{hji}^2) + \min(\tilde{b}_{hjj}^2) + \min(\tilde{w}_{hj}^2) + \min(\tilde{d}_{hj}^2)\right]$ 和 $n\big[\max(\tilde{c}_{hj}^2) + \max$ $(\tilde{a}_{hji}^2) + \max(\tilde{b}_{hjj}^2) + \max(\tilde{w}_{hj}^2) + \max(\tilde{d}_{hj}^2)\big]$ 为 κ_∞ 函数，$\pi\|e(k)\|^2$ 也为 κ_∞ 函数，$\eta_h\|\delta(k)\|^2$ 是 κ 函数，因此正定矩阵 L_k 满足 ISS-Lyapunov 方程，建模误差是输入到状态稳定的。根据文献[164]，由式（4.48）可知，L_k 是 $e(k)$ 和 $\delta(k)$ 的函数，将未建模动态 $\delta(k)$ 看作输入，建模误差 $e(k)$ 看作状态。因为"输入" $\delta(k)$ 是有界的，系统动态是输入到状态稳定的，因此"状态" $e(k)$ 是有界的。式（4.49）也可写为

$$\Delta L_k \leqslant -\pi\|e(k)\|^2 + \eta_h\|\delta(k)\|^2 \leqslant -\pi\|e(k)\|^2 + \eta_h\overline{\delta} \tag{4.50}$$

$$\overline{\delta} = \max\left[\|\delta(k)\|^2\right] \tag{4.51}$$

由 $L_T > 0$ 和 L_1 为常数，得

$$L_T - L_1 \leqslant -\pi\sum_{k=1}^{T}\|e(k)\|^2 + T\eta_h\overline{\delta} \tag{4.52}$$

$$\pi\sum_{k=1}^{T}\|e(k)\|^2 \leqslant L_1 - L_T + T\eta_h\overline{\delta} \leqslant L_1 + T\eta_h\overline{\delta} \tag{4.53}$$

可得 $\overline{J} = \limsup\limits_{T\to\infty} \dfrac{1}{T}\sum_{k=1}^{T}\|e_h(k)\|^2 \leqslant \dfrac{\eta_h}{\pi}\overline{\delta}$，证毕[165]。

3. HRNNPLS 建模算法步骤

按照本章提出的建模思路，基于 HRNNPLS 的多变量非线性动态建模方法，实现过程如下：

（1）输入输出矩阵 X、Y 标准化，令 $E_0 = X$，$F_0 = Y$，$h=1$。

（2）调用 PLS 算法，计算第 h 对特征向量 t_h、u_h（其中 w_h、c_h 为输入输出权值）。

$$w_h^{\mathrm{T}} = u_h^{\mathrm{T}}E_{h-1} / (u_h^{\mathrm{T}}u_h) \tag{4.54}$$

$$w_h = w_h / \|w_h\| \tag{4.55}$$

$$t_h = E_{h-1}w_h \tag{4.56}$$

$$c_h^{\mathrm{T}} = t_h^{\mathrm{T}}F_{h-1} / (t_h^{\mathrm{T}}t_h) \tag{4.57}$$

$$c_h = c_h / \|c_h\| \tag{4.58}$$

$$u_h = F_{h-1}c_h \tag{4.59}$$

（3）建立第 h 个内部 HRNN 模型：

$$z_h(k+1) = A_h z_h(k) + B_h N_h(t_h(k))$$

$$u_h(k) = C_h z_h(k)$$

（4）计算输入输出矩阵 X 和 Y 的负荷向量：

$$p_h^{\mathrm{T}} = t_h^{\mathrm{T}} E_{h-1} / (t_h^{\mathrm{T}} t_h)$$

$$q_h^{\mathrm{T}} = \hat{u}_h^{\mathrm{T}} F_{h-1} / (\hat{u}_h^{\mathrm{T}} \hat{u}_h)$$

（5）计算第 h 对特征向量的残差：

$$E_h = E_{h-1} - t_h p_h^{\mathrm{T}}$$

$$F_h = F_{h-1} - \hat{u}_h q_h^{\mathrm{T}}$$

（6）令 $h=h+1$，转步骤（2）重复以上过程，直至提取的 m 对特征向量使残差矩阵 E_m 和 F_m 中几乎不再含有对回归有用的信息，这里选择的是留一交叉校验方法。

（7）模型的最终输出：

$$\hat{Y} = \hat{U} Q^{\mathrm{T}} \tag{4.60}$$

式中，$\hat{U} = [\hat{u}_1, \hat{u}_2, \cdots, \hat{u}_m]$；$Q = [q_1^{\mathrm{T}}, q_2^{\mathrm{T}}, \cdots, q_m^{\mathrm{T}}]$。

4.3 基于 HRNNPLS 算法的铝酸钠溶液组分浓度软测量

将本章提出的基于 HRNNPLS 的非线性动态建模方法用于建立铝酸钠溶液组分浓度软测量模型。首先利用 PLS 方法将输入数据，即温度和电导率数据投影到低维特征空间，得到相互正交的特征向量，有效地克服了普通最小二乘回归的多重共线性问题。然后采用 HRNN 对 PLS 的内部关系建模，利用 HRNN 拥有的非线性及动态映射能力，存储过去的信息以获得更好的精度，并采用稳定学习算法保证建模误差的有界性。

4.3.1 问题描述

通过 2.2.4 节对铝酸钠溶液组分浓度的特性分析可知,输入变量即温度和电导率之间存在近似线性关系。因此，选择 PLS 算法对输入变量进行消除多重共线性及降维处理。组分浓度与温度、电导率之间存在非线性函数关系，故选择神经网络拟合非线性。根据现场经验可知，此刻的组分浓度与过去时刻有关，即输入输出数据之间存在动态关系。为了简化模型，将其近似为线性动态关系，与非线性组合，即构成了类似 Hammerstein 模型的非线性静态和线性动态模型形式。针对这样的过程特点，选择具有非线性动态逼近能力的 HRNN 来对模型参数进行估计。综上，基于 HRNNPLS 算法的铝酸钠溶液组分浓度软测量输入输出如下：

$$
\begin{cases}
c_K(k) = f_{D1}[c_K(k-1),\cdots,c_K(k-n_y),T(k-1),\cdots,T(k-n_d),d(k-1),\cdots,d(k-n_d)] \\
c_A(k) = f_{D2}[c_A(k-1),\cdots,c_A(k-n_y),T(k-1),\cdots,T(k-n_d),d(k-1),\cdots,d(k-n_d)] \\
c_C(k) = f_{D3}[c_C(k-1),\cdots,c_C(k-n_y),T(k-1),\cdots,T(k-n_d),d(k-1),\cdots,d(k-n_d)]
\end{cases}
$$

$$(4.61)$$

式中，$T=[T_1,T_2,T_3]$，$d=[d_1,d_2,d_3]$ 表示铝酸钠溶液的三种不同温度和电导率；n_y 和 n_d 分别表示系统输入和输出的阶次，并且系统阶次对应于状态空间描述的 HRNNPLS 模型内部网络的隐层节点个数[151]。

4.3.2　组分浓度软测量方法

采用本章提出的基于数据驱动的带有稳定学习算法的 HRNNPLS 软测量建模方法，可得铝酸钠溶液组分浓度软测量模型的输入输出关系，如图 4.6 所示。

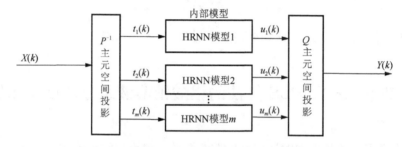

图 4.6　基于 HRNNPLS 的铝酸钠溶液组分浓度建模

图 4.6 中模型输入为 $X(k)=[T_1(k),d_1(k),T_2(k),d_2(k),T_3(k),d_3(k)]$，模型输出为 $Y(k)=c_K(k)$ 或 $c_A(k)$ 或 $c_C(k)$，模型具体计算公式如下：

$$
\begin{cases}
Y(k)=U(k)Q^T \\
u_i(k)=C_i z_i(k) \\
z_i(k+1)=A_i z_i(k)+B_i N_i(t_i(k)) \\
t_i(k)=X(k)(P_i^T)^{-1}
\end{cases}
$$

$$(4.62)$$

式中，$U=[u_1,u_2,\cdots,u_m]$；$Q=[q_1^T,q_2^T,\cdots,q_m^T]$；$i=1,2,\cdots,m$，表示第 i 个内部模型。

4.4　仿真试验

4.4.1　数据描述

采用本章提出的 HRNNPLS 方法建立铝酸钠溶液组分浓度软测量模型。将经过数据预处理的 375 组数据作为组分浓度软测量模型的离线训练数据，用来建立铝酸钠溶液组分浓度的软测量模型，预留的 150 组样本数据用来测试软测量方法的有效性，部分测试数据如表 4.1 所示。

表 4.1 部分测试数据

数据	T_1 /℃	d_1 /(mS/cm)	T_2 /℃	d_2 /(mS/cm)	T_3 /℃	d_3 /(mS/cm)	c_K /(g/L)	c_A /(g/L)	c_C /(g/L)
1 组	86.91	572.58	72.63	460.63	79.25	503.05	205	99.7	29.6
2 组	86.56	577.73	72.43	463.83	79.34	507.66	207	99.7	31.2
3 组	86.48	568.91	73.51	470.47	79.64	504.06	205	98	29.6
4 组	91.05	606.63	76.04	468.56	83.39	537.81	203	100.3	30.8
⋮	⋮	⋮	⋮	⋮	⋮	⋮	⋮	⋮	⋮
149 组	92.94	660.7	74.25	486.33	78.95	521.41	218	104.27	29.8
150 组	96.13	701.72	72.52	463.2	80.53	552.19	217	103.94	29.0

4.4.2 模型参数选择

1. 模型结构参数

根据 4.3.2 节组分浓度软测量问题描述，首先选择铝酸钠溶液的三组温度和电导率 T_1 和 d_1、T_2 和 d_2、T_3 和 d_3 作为组分浓度模型的输入变量，即三种组分浓度的软测量模型均有 6 个输入变量、1 个输出变量。

将三组温度、电导率数据采用本章提出的方法建模，首先是外部利用 PLS 算法提取特征向量，即从 375 组样本中剔除一组，利用余下的样本来建立模型，再用剔除的那组样本作为检验样本，计算模型对其的预测误差。重复上述步骤，直至将每组数据都剔除过一次。基于 HRNNPLS 的三种组分模型累计方差百分比计算结果，如表 4.2~表 4.4 所示。

表 4.2 基于 HRNNPLS 的 c_K 模型累计方差百分比 　　　　单位：%

主元编号	输入变量 X		输出变量 Y	
	本个主元	总和	本个主元	总和
1	95.95	95.95	90.10	90.10
2	1.68	97.63	0.00	90.10

表 4.3 基于 HRNNPLS 的 c_A 模型累计方差百分比 　　　　单位：%

主元编号	输入变量 X		输出变量 Y	
	本个主元	总和	本个主元	总和
1	95.94	95.94	93.98	93.98
2	0.66	96.60	0.00	93.80

表 4.4　基于 HRNNPLS 的 c_C 模型累计方差百分比　　　单位：%

主元编号	输入变量 X		输出变量 Y	
	本个主元	总和	本个主元	总和
1	95.95	95.95	88.03	88.03
2	2.62	98.57	0.00	88.03

选择三种组分浓度的特征向量数目均为 1，模型的最终输出为

$$\hat{Y} = \hat{U}Q^{\mathrm{T}} \tag{4.63}$$

式中，$\hat{U} = [\hat{u}_1]$；$Q = [q_1^{\mathrm{T}}]$。

内部神经网络结构设计一般依赖于人的经验，也有一些经验取值法，比如数据样本数为 N，隐含层节点个数 H 满足 $N \leqslant 2^H$ [166]。一般情况下，隐含层节点数越多，精度越高，但隐含层节点个数过多，模型过于复杂，就会容易出现参数"过拟合"现象。由于内部模型的递归神经网络是单入单出的，经过试验，这里选择隐层节点个数为 6 个，即内部 HRNN 结构为 1-6-6-1。

2. 模型参数估计

内部递归神经网络第一个隐含层权值矩阵 W，隐含层阈值矩阵 W_D，第二个隐含层权值矩阵 W_B，第二个隐含层另一权值矩阵 W_A，输出层权值向量 W_C 的初始值选为[0,1]上的随机数。神经网络稳定学习的初始参数选为 $\eta_h = 0.9$。采用 375 组数据离线学习软测量模型的参数，建立铝酸钠溶液组分浓度软测量模型，学习算法采用式（4.38）～式（4.43）。

4.4.3　试验结果与分析

1. 苛性碱、氧化铝和碳酸碱浓度 HRNNPLS 软测量方法仿真试验结果与分析

按照本章提出的 HRNNPLS 建模方法，苛性碱浓度模型的训练和测试结果如图 4.7 所示，误差自相关函数如图 4.8 所示。从测试结果曲线和误差自相关函数曲线可以看出，苛性碱浓度计算值曲线趋势正确，且精度较高。

氧化铝浓度模型的训练和测试结果如图 4.9 所示，误差自相关函数如图 4.10 所示。从测试结果曲线和误差自相关函数曲线可以看出，氧化铝浓度计算值曲线趋势正确，且精度较高。

碳酸碱浓度模型的训练和测试结果如图 4.11 所示，误差自相关函数如图 4.12 所示。从测试结果曲线和误差自相关函数曲线可以看出，碳酸碱浓度计算值曲线趋势正确，且精度较高。

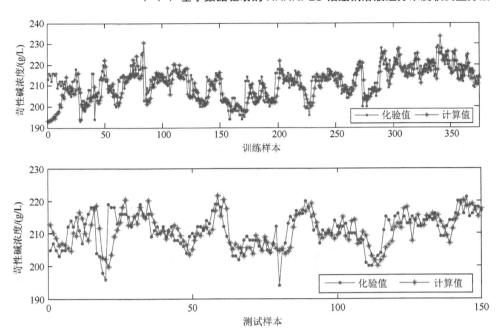

图 4.7　基于 HRNNPLS 的苛性碱浓度训练和测试结果

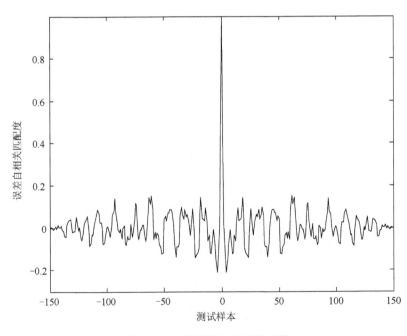

图 4.8　c_K 测试误差自相关函数

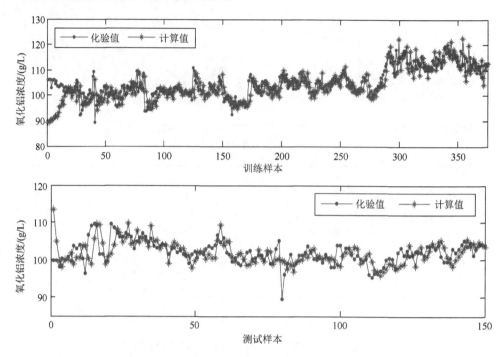

图 4.9 基于 HRNNPLS 的氧化铝浓度训练和测试结果

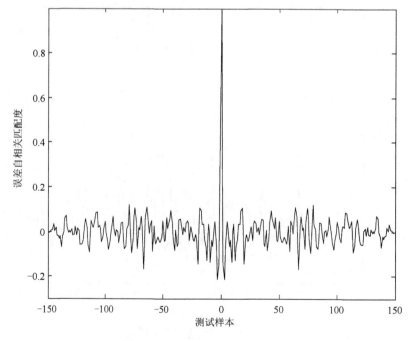

图 4.10 c_A 测试误差自相关函数

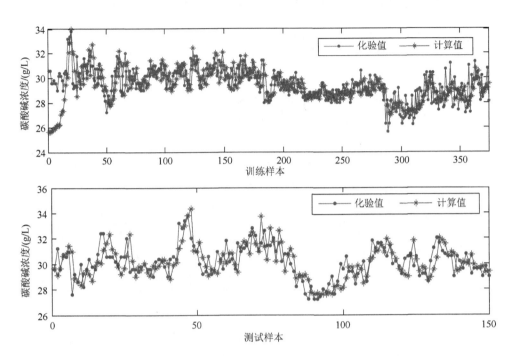

图 4.11 基于 HRNNPLS 的碳酸碱浓度训练和测试结果

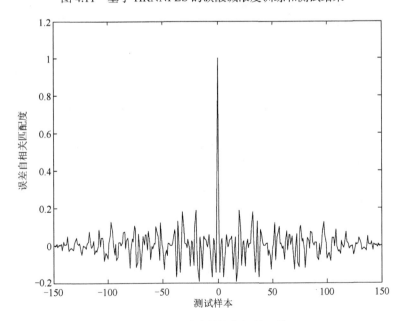

图 4.12 c_C 测试误差自相关函数

2. 具有和不具有稳定学习的 HRNNPLS 网络软测量结果与分析

将具有稳定学习的 HRNNPLS 算法与普通的不具有稳定学习的算法进行比较，结果如图 4.13 所示。以苛性碱浓度为例，建模误差指标 J 曲线如图 4.14 所示。其中 J 定义如下：

$$J(N) = \frac{1}{2N} \sum_{k=1}^{N} e^2(k) \qquad (4.64)$$

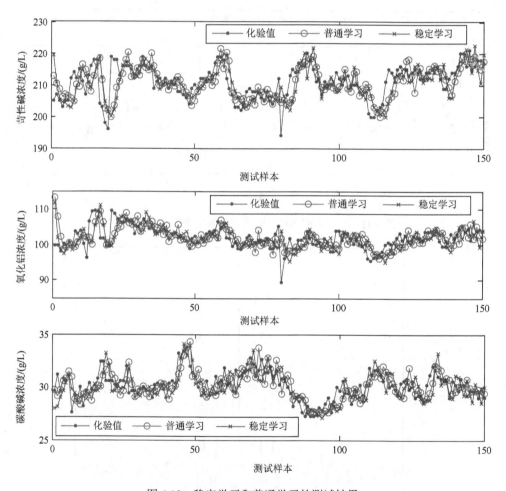

图 4.13　稳定学习和普通学习的测试结果

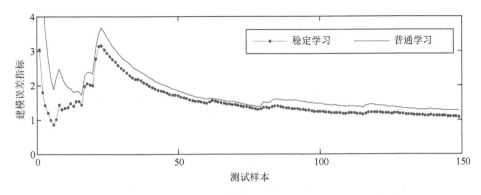

图 4.14　稳定学习和普通学习算法的苛性碱浓度建模误差指标

从仿真结果可以看出，带有稳定学习的算法测试结果较好。为评价模型的性能，使用均方根误差（root mean square error，RMSE）对模型的准确性进行了分析，定义如下：

$$\text{RMSE} = \sqrt{\frac{1}{N}\sum_{k=1}^{N}[\hat{y}(k) - y(k)]^{\text{T}}[\hat{y}(k) - y(k)]} \qquad (4.65)$$

测试精度比较如表 4.5 所示。

表 4.5　测试精度比较

测试精度	普通学习	稳定学习
$\text{RMSE}c_{\text{K}}$	5.05	4.62
$\text{RMSE}c_{\text{A}}$	3.18	2.97
$\text{RMSE}c_{\text{C}}$	1.13	1.04

3. 加大测量噪声情况下具有和不具有稳定学习的 HRNNPLS 网络软测量结果
　与分析

图 4.15 为在 HRNNPLS 网络的输入端（归一化之后）加上一个幅值为 0.1 的随机测量噪声时，具有和不具有稳定学习算法的苛性碱浓度测试结果。图 4.16 为建模误差指标比较。可以看出，当增加噪声时，不具有稳定学习算法的 HRNNPLS 网络建模误差指标发散，出现了不稳定的情况。

4. 与已有方法比较试验

将本章提出的 HRNNPLS 方法（内部网络结构 1-6-6-1）与已有的建模方法，包括 NN（网络结构 6-14-3）、NNPLS（内部网络结构 1-4-1）、DNNPLS（内部网络结构 3-7-1）进行比较，其中各种方法的隐层节点个数以多次试验选择精度较高为准则，结果如图 4.17 所示。

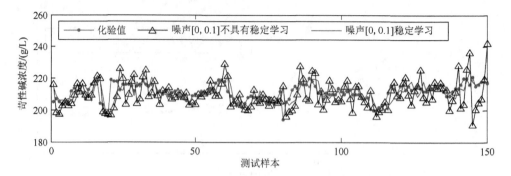

图 4.15　输入测量噪声为[0,0.1]时的苛性碱浓度软测量测试结果

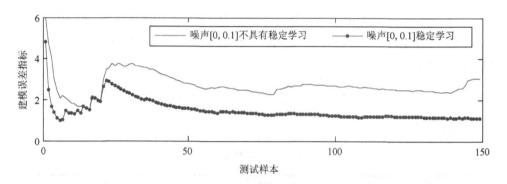

图 4.16　输入噪声为[0,0.1]时的苛性碱浓度建模误差指标曲线

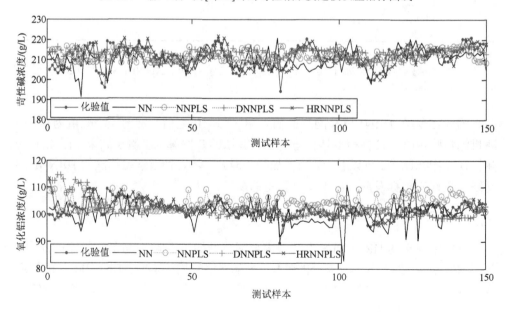

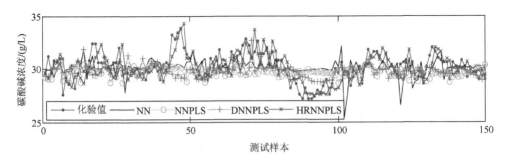

图 4.17   不同方法对组分浓度的测试结果

从仿真结果可以看出，通过 PLS 的外部变换和 NN 的内部拟合，模型精度比单独使用 NN 要高，可见外部 PLS 起到了去除噪声和简化网络的作用。内部加入动态的 DNNPLS 模型要比静态的 NNPLS 模型精度高一些，可见组分浓度与过去时刻存在一定的动态关联。本章将外部 PLS 算法与内部 HRNN 网络相结合，比上述方法的精度都要高，可见非线性静态与线性动态的结合，能更好地拟合组分浓度与温度和电导率之间的关系，因此具有较好的模型测试效果。不同方法的测试误差比较结果如表 4.6 和图 4.18 所示。

表 4.6   不同方法测试误差

误差	NN	NNPLS	DNNPLS	HRNNPLS
RMSEc_K	6.25	5.60	5.38	4.62
RMSEc_A	4.75	4.72	4.58	2.97
RMSEc_C	1.40	1.38	1.31	1.04

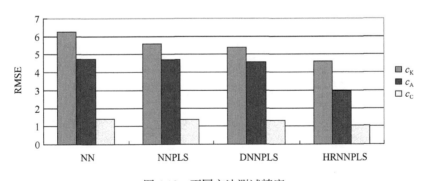

图 4.18   不同方法测试精度

根据上述均方根误差 RMSE 的比较结果可以看出，本章提出的 HRNNPLS 软测量方法的均方根误差 RMSE 相对较小，模型性能优于 NN、NNPLS、DNNPLS 方法，并且具有稳定学习的参数更新算法也提高了模型的精度。

4.5　本章小结

本章针对非线性动态 PLS 建模方法在实际应用中存在的问题，提出一种将 PLS 与 HRNN 相结合的数据驱动建模方法。通过 PLS 方法从样本数据中成对地提取主成分，解决了高维多重共线性问题；内部采用递归神经网络与 Hammerstein 模型形式相结合，构建了非线性静态和线性动态两部分，很好地拟合了系统的非线性和动态特性。除此之外，提出了具有稳定时变学习率的参数估计算法，这种稳定学习算法由输入到状态稳定性分析方法得到，保证了网络建模误差的稳定性。将所提方法应用于氧化铝生产过程中的铝酸钠溶液组分浓度软测量，试验研究结果表明，本章提出的方法学习能力强，泛化能力好，为铝酸钠溶液组分浓度软测量建模提供了一条新的途径，并可以推广应用到其他具有类似特点的复杂工业过程，在工业过程建模和控制等领域具有很大的应用潜力。

5

机理与数据驱动相结合的铝酸钠
溶液组分浓度软测量方法

第 4 章提出的 HRNNPLS 软测量是基于数据的方法，没有深入考虑氧化铝生产过程铝酸钠溶液组分浓度的机理特性。本章将对铝酸钠溶液组分浓度进行深入的机理分析。首先通过推导机理经验公式，建立了苛性碱、氧化铝浓度机理近似模型，并在正交试验获得机理模型参数的基础上，提出了以机理近似模型为主模型，PCA 与神经网络结合作为误差补偿模型的苛性碱、氧化铝浓度软测量方法。另一种组分即碳酸碱，由于难以建立机理或机理近似模型，因此将苛性碱和氧化铝浓度的软测量结果作为部分输入变量，提出了同步聚类与 TSK 模糊模型相结合的碳酸碱浓度软测量方法。然后，开展了其在氧化铝生产过程中的试验研究，结果表明提出的铝酸钠溶液组分浓度混合建模方法是可行有效的。

本章内容的组织结构如下：5.1 节对铝酸钠溶液组分浓度软测量混合建模问题进行了描述；5.2 节介绍了机理和数据驱动相结合的铝酸钠溶液组分浓度软测量策略；5.3 节介绍了苛性碱、氧化铝浓度机理近似主模型和误差补偿模型算法；5.4 节介绍了同步聚类与 TSK 模糊模型相结合的碳酸碱浓度软测量算法；5.5 节应用提出的混合建模方法对实际氧化铝厂运行数据进行了试验研究；5.6 节对本章提出的方法与第 4 章提出的 HRNNPLS 方法进行了比较研究。

5.1 铝酸钠溶液组分浓度软测量混合建模问题描述

氧化铝生产过程铝酸钠溶液组分浓度与温度和电导率之间关系复杂，很难单独采用机理模型来描述。因此，选择机理近似模型与神经网络相结合的混合建模方法对苛性碱和氧化铝浓度建模。机理近似模型来源于试验，组分浓度从一个状态到另一个状态的动态变化过程难以测量，因此只能忽略其动态关联，建立静态模型。补偿模型的输入变量即温度和电导率之间存在近似多重共线性关系，因此选择 PCA 算法对其进行预处理,主元变量作为神经网络补偿模型的输入,去除多重共线性的同时,还可以降低输入变量的维数,降低了神经网络的复杂度。针对 BP 学习算法收敛速度较慢的问题,选择椭球定界算法对其进行改进,并能保证建模误差有界。对于难以建立机理近似模型的碳酸碱浓度,通过特性分析可知,碳酸碱浓度与温度、电导率和苛性碱以及氧化铝浓度都有关,故采用模糊建模方法对其进行软测量,并利用稳定学习算法对模型参数进行更新。综上,铝酸钠溶液组分浓度软测量混合建模的输入输出关系如下:

$$
\begin{cases}
c_{\mathrm{K}} = f_{H1}(T,d) \\
c_{\mathrm{A}} = f_{H2}(T,d,c_{\mathrm{K}}) \\
c_{\mathrm{C}} = f_{H3}(T,d,c_{\mathrm{K}},c_{\mathrm{A}})
\end{cases}
\quad 且 \quad
\begin{aligned}
T &= [T_1,T_2,T_3] \\
d &= [d_1,d_2,d_3]
\end{aligned}
\tag{5.1}
$$

式中, T_1 和 d_1 、 T_2 和 d_2 、 T_3 和 d_3 是铝酸钠溶液的三种不同温度和电导率值。

5.2 机理与数据驱动相结合的铝酸钠溶液组分浓度软测量策略

本章提出的铝酸钠溶液组分浓度混合建模方法由数据采集及预处理,苛性碱、氧化铝浓度软测量模型,碳酸碱浓度软测量模型等部分组成,如图 5.1 所示。

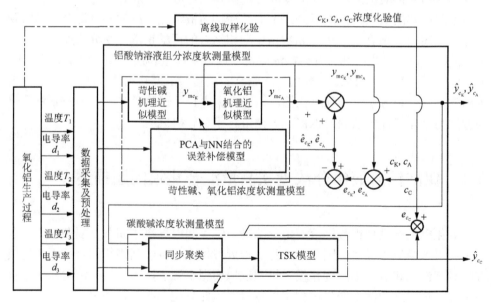

图 5.1 铝酸钠溶液组分浓度混合建模方法结构图

1. 数据采集及预处理

现场采集的铝酸钠溶液温度和电导率数据，首先要进行滤波、离群点识别等预处理，然后再用来建模和测试。

2. 苛性碱、氧化铝浓度软测量模型

在 2.2.4 节铝酸钠溶液组分浓度特性分析的基础上，根据温度和电导率之间的近似一次函数关系，进一步推导出关于苛性碱浓度和氧化铝浓度的机理近似模型。苛性碱浓度机理近似模型以三组温度和电导率为输入变量，其计算结果 y_{mc_K} 用于氧化铝浓度 y_{c_A} 的计算。对于两种组分浓度机理近似模型的误差 e_{c_K} 和 e_{c_A}，采用 PCA 与神经网络相结合的方式进行补偿，补偿模型的输出为 $\hat{e}_{c_K}$ 和 $\hat{e}_{c_A}$。

3. 碳酸碱浓度软测量模型

根据特性分析可知，碳酸碱浓度与苛性碱浓度、氧化铝浓度有关，故将苛性碱和氧化铝浓度的软测量结果 $\hat{y}_{c_K}$、$\hat{y}_{c_A}$ 作为部分输入变量，提出了基于同步聚类与 TSK 模糊模型相结合的碳酸碱浓度软测量方法，得到碳酸碱浓度计算值 $\hat{y}_{c_C}$。

5.3 机理近似与误差补偿相结合的苛性碱、氧化铝浓度软测量

苛性碱和氧化铝浓度软测量算法包括基于机理近似的主模型算法和 PCA 与 NN 结合的误差补偿模型算法两部分。软测量结构如图 5.2 所示，由变量转换、苛性碱浓度机理近似模型、氧化铝浓度机理近似模型、PCA 提取主成分以及神经网络补偿模型等部分组成。其中模型输入变量 $X = [T_1, d_1, T_2, d_2, T_3, d_3]$，输出变量 $Y = \hat{y}_{c_K}$ 和 $\hat{y}_{c_A}$。

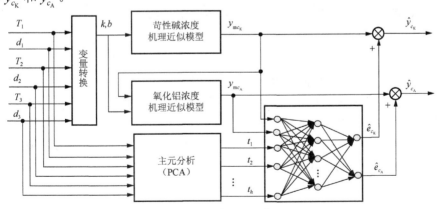

图 5.2　苛性碱、氧化铝浓度软测量结构图

5.3.1 基于机理近似的苛性碱、氧化铝浓度主模型算法

由 2.2.4 节铝酸钠溶液的特性分析可知，苛性碱浓度与电导率为二次函数关系，氧化铝浓度与电导率为一次函数关系。由文献[109]知，当碳酸碱浓度小于 40g/L 时，对电导率影响不很大。经调查，氧化铝工业现场碳酸碱浓度 c_C 在 30g/L 左右，故首先忽略其影响，将式（2.32）中 k、b 近似为铝酸钠溶液组分浓度 c_K、c_A 的非线性函数，即

$$d = k(c_K, c_A)T + b(c_K, c_A) \tag{5.2}$$

由于电导率是氧化铝浓度 c_A 的一次函数，故斜率 k 与截距 b 也都是氧化铝浓度 c_A 的一次函数。那么，在苛性碱浓度取任意值的情况下，对式（5.2）中的 k、b 进行最小二乘线性回归，有如下形式：

$$k = \left(\frac{\partial k}{\partial c_A}\right)_{c_K} c_A + k_0 \tag{5.3}$$

$$b = \left(\frac{\partial b}{\partial c_A}\right)_{c_K} c_A + b_0 \tag{5.4}$$

观察式（5.2）可知，斜率 k 与截距 b 均是苛性碱浓度 c_K 的二次函数。那么，对式（5.3）和式（5.4）中的苛性碱系数回归采用二次函数形式，即有

$$\frac{\partial k}{\partial c_A} = K_1 c_K^2 + K_2 c_K + K_3 \tag{5.5}$$

$$k_0 = K_4 c_K^2 + K_5 c_K + K_6 \tag{5.6}$$

$$\frac{\partial b}{\partial c_A} = B_1 c_K^2 + B_2 c_K + B_3 \tag{5.7}$$

$$b_0 = B_4 c_K^2 + B_5 c_K + B_6 \tag{5.8}$$

式中，$K_1, K_2, \cdots, K_6$，$B_1, B_2, \cdots, B_6$ 为二次函数的系数。

将式（5.5）～式（5.8）代入式（5.2）和式（5.3）中，得

$$k = (K_1 c_K^2 + K_2 c_K + K_3)c_A + (K_4 c_K^2 + K_5 c_K + K_6) \tag{5.9}$$

$$b = (B_1 c_K^2 + B_2 c_K + B_3)c_A + (B_4 c_K^2 + B_5 c_K + B_6) \tag{5.10}$$

将式（5.9）与式（5.10）联立，可以得到关于 c_K 的一元四次方程，即

$$(B_1 K_4 - K_1 B_4)c_K^4 + (B_1 K_5 + B_2 K_4 - K_1 B_5 - K_2 B_4)c_K^3 + [(bK_1 - K_1 B_6 - K_2 B_5 - K_3 B_4) - (kB_1 - B_1 K_6 - B_2 K_5 - B_3 K_4)]c_K^2 + [(bK_2 - K_2 B_6 - K_3 B_5) - (kB_2 - B_2 K_6 - B_3 K_5)]c_K + (bK_3 - K_3 B_6 - kB_3 - B_3 K_6) = 0$$

$$\tag{5.11}$$

式中，$K_1, K_2, \cdots, K_6$，$B_1, B_2, \cdots, B_6$ 为模型中的待定参数，解此一元四次方程，即可得到苛性碱浓度 c_K。同时，也可以得到氧化铝浓度 c_A 的近似模型如下：

$$c_A = \frac{(k-b)-\left[(K_4-B_4)c_K^2+(K_5-B_5)c_K+(K_6-B_6)\right]}{(K_1-B_1)c_K^2+(K_2-B_2)c_K+(K_3-B_3)} \quad (5.12)$$

将式（5.11）和式（5.12）简化，得苛性碱、氧化铝浓度机理近似主模型计算公式如下：

$$c_K^4+m_1c_K^3+(m_2k+m_3b+m_4)c_K^2+(m_5k+m_6b+m_7)c_K+(m_8k+m_9b+m_{10})=0 \quad (5.13)$$

$$c_A = \frac{(k-b)-(n_4c_K^2+n_5c_K+n_6)}{n_1c_K^2+n_2c_K+n_3} \quad (5.14)$$

式中，m_1-m_{10}、n_1-n_6 为待定系数，且

$$m_1 = \frac{B_1K_5+B_2K_4-K_1B_5-K_2B_4}{B_1K_4-K_1B_4}, \quad m_2 = \frac{-B_1}{B_1K_4-K_1B_4}$$

$$m_3 = \frac{K_1}{B_1K_4-K_1B_4}, \quad\quad m_4 = \frac{B_1K_6+B_2K_5+B_3K_4-K_1B_6-K_2B_5-K_3B_4}{B_1K_4-K_1B_4}$$

$$m_5 = \frac{-B_2}{B_1K_4-K_1B_4}, \quad m_6 = \frac{K_2}{B_1K_4-K_1B_4}$$

$$m_7 = \frac{B_2K_6+B_3K_5-K_3B_5-K_2B_6}{B_1K_4-K_1B_4}$$

$$m_8 = -B_3, \quad m_9 = K_3$$

$$m_{10} = -K_3B_6-B_3K_6$$

$$n_1 = K_1-B_1, \quad n_2 = K_2-B_2$$

$$n_3 = K_3-B_3, \quad n_4 = K_4-B_4$$

$$n_5 = K_5-B_5, \quad n_6 = K_6-B_6。$$

首先通过解式（5.13）的一元四次方程，得到苛性碱浓度 c_K，而后代入式（5.14）计算氧化铝浓度 c_A，具体步骤如下。

1. 变量转换

测量数据变换不仅影响模型的精度和非线性映射能力，而且对数值算法的运行效果也有重要作用。测量数据的变换包括标度、转换和权函数三个方面[167]。标度是针对测量数据中具有不同的工程单位，各变量的大小在数值上相差几个数量级等问题，如果直接使用原始测量数据进行计算，则可能会出现丢失信息，或引起数值计算的不稳定。为了改善算法的精度和计算稳定性，就需要采用合适的因子对数据进行标度，一般采用均值和方差对数据进行归一化处理。测量数据转换包含对数据的直接转换和寻找新的变量替换原变量两个方面，如在高纯度精馏塔的建模和控制中，对组分浓度取对数后再进行计算，是相当成熟的技术。通过对数据的转换，可有效地降低原数据之间的非线性特性。权函数则可实现对变量动

态特性的补偿。如果辅助变量和主导变量间具有相同或相似的动态特性，那么使用静态软仪表就足够了。

本章利用特性分析中温度与电导之间的近似一次函数关系，将变量 d、T 转换为 k、b 作为下一步建模使用的输入变量，公式如下：

$$\begin{cases} d_1 = kT_1 + b \\ d_2 = kT_2 + b \\ d_3 = kT_3 + b \end{cases} \Rightarrow \begin{bmatrix} k \\ b \end{bmatrix} = \left(\begin{bmatrix} 1 & 1 & 1 \\ T_1 & T_2 & T_3 \end{bmatrix} \begin{bmatrix} 1 & T_1 \\ 1 & T_2 \\ 1 & T_3 \end{bmatrix} \right)^{-1} \begin{bmatrix} 1 & 1 & 1 \\ T_1 & T_2 & T_3 \end{bmatrix} \begin{bmatrix} d_1 \\ d_2 \\ d_3 \end{bmatrix} \quad (5.15)$$

式中，k 和 b 分别为温度和电导率近似一次函数关系的斜率和截距；T_1、T_2、T_3 及 d_1、d_2、d_3 为一组铝酸钠溶液的三种不同温度及电导率值。

2. 基于正交试验的模型参数确定

为了估计式（5.13）与式（5.14）中的模型参数，采用正交试验的方法进行组分浓度、温度、电导率测试试验。

1）试验原料

试验所用原料采用中国铝业河南分公司的蒸发母液和分析纯氢氧化钠、分析纯碳酸钠调配而成。蒸发母液成分及浓度见表 5.1。

表 5.1　蒸发母液成分及浓度

溶液成分	浓度/(g/L)
苛性碱	272.7
氧化铝	137.7
碳酸碱	26.55

2）试验仪器与方法

本试验用到的仪器设备如图 5.3 所示。

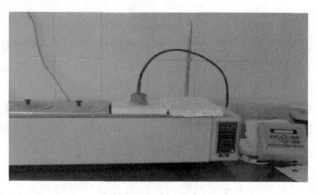

图 5.3　试验设备实物图

（1）恒温水浴。本试验用的恒温水浴是天津科宇试验仪器公司的 CF-B 型数显恒温水浴。它的主要技术参数如下：

a. 工作电压：220V±10%。

b. 加热功率：1000W。

c. 控温：常温约 100℃。

d. 控温精度：±0.1℃。

（2）电导率仪。本试验的铝酸钠溶液电导率测量仪器选用的是美国 Rosemount 公司的 1055BT 型电导率仪。它是一种电磁电导率仪，是基于电磁感应原理来反映溶液电导率变化规律的。采用非接触式的测量法，这种测量法优点在于避免了电极式电导率仪由于极化而造成精度降低和不稳定等一系列问题，适用于腐蚀性很强的溶液电导率的测量。它的测量精度为 0.1mS/cm，测量范围是 0～2000mS/cm。

（3）正交试验设计法。正交试验设计法[168,169]最早由日本质量管理专家田口玄一提出，称为国际标准型正交试验法。正交试验设计法是利用"正交表"进行科学的安排与分析多因素试验的方法。其主要优点是：①能在很多试验方案中均匀地挑选出代表性强的少数试验方案；②通过对这些试验方案的试验结果进行统计分析，可以推断出较优方案，而且所得到较优方案往往不包含在这些少数试验方案中；③对试验结果作进一步的分析，可以得到比试验结果本身给出的还要多的有关各因素的信息。

本章首先确定试验的因子为苛性碱浓度 c_K、氧化铝浓度 c_A、碳酸碱浓度 c_C 和温度 T，变化范围见表 5.2。四个因子的编码见表 5.3。四因子二次回归正交表见表 5.4。

表 5.2 因子变化范围

浓度范围	c_K /(g/L)	c_A /(g/L)	c_C /(g/L)	T/℃
上界	230	120	36	96
下界	190	80	24	70

表 5.3 因子编码表（星号臂 $r=1.414$）

变量	因子	基准水平 (0)	变化间距 (Δ_j)	上水平 (+1)	下水平 (−1)	上星号臂 (+r)	下星号臂 (−r)
n_1 (苛性碱)	c_K (g/L)	210(Z_1)	14.14(Δ_1)	224.14	195.86	230	190
n_2 (氧化铝)	c_A (g/L)	100(Z_2)	14.14(Δ_2)	114.14	85.86	120	80
n_3 (碳酸碱)	c_C (g/L)	30(Z_3)	4.24(Δ_3)	34.24	25.76	36	24
n_4 (T)	T(℃)	83(Z_4)	9.19(Δ_4)	92.19	73.81	96	70

表 5.4　四因子二次回归正交表

编号	变量														
	x_0	x_1	x_2	x_3	x_4	x_5 $(x_1\cdot x_2)$	x_6 $(x_1\cdot x_3)$	x_7 $(x_1\cdot x_4)$	x_8 $(x_2\cdot x_3)$	x_9 $(x_2\cdot x_4)$	x_{10} $(x_3\cdot x_4)$	x_{11} $(x_1^2-0.8)$	x_{12} $(x_2^2-0.8)$	x_{13} $(x_3^2-0.8)$	x_{14} $(x_4^2-0.8)$
1	1	-1	-1	-1	-1	1	1	1	1	1	1	0.2	0.2	0.2	0.2
2	1	-1	-1	-1	1	1	1	-1	1	-1	-1	0.2	0.2	0.2	0.2
3	1	-1	-1	1	-1	1	-1	1	-1	1	-1	0.2	0.2	0.2	0.2
4	1	-1	-1	1	1	1	-1	-1	-1	-1	1	0.2	0.2	0.2	0.2
5	1	-1	1	-1	-1	-1	1	1	-1	-1	1	0.2	0.2	0.2	0.2
6	1	-1	1	-1	1	-1	1	-1	-1	1	-1	0.2	0.2	0.2	0.2
7	1	-1	1	1	-1	-1	-1	1	1	-1	-1	0.2	0.2	0.2	0.2
8	1	-1	1	1	1	-1	-1	-1	1	1	1	0.2	0.2	0.2	0.2
9	1	1	-1	-1	-1	-1	-1	-1	1	1	1	0.2	0.2	0.2	0.2
10	1	1	-1	-1	1	-1	-1	1	1	-1	-1	0.2	0.2	0.2	0.2
11	1	1	-1	1	-1	-1	1	-1	-1	1	-1	0.2	0.2	0.2	0.2
12	1	1	-1	1	1	-1	1	1	-1	-1	1	0.2	0.2	0.2	0.2
13	1	1	1	-1	-1	1	-1	-1	-1	-1	1	0.2	0.2	0.2	0.2
14	1	1	1	-1	1	1	-1	1	-1	1	-1	0.2	0.2	0.2	0.2
15	1	1	1	1	-1	1	1	-1	1	-1	-1	0.2	0.2	0.2	0.2
16	1	1	1	1	1	1	1	1	1	1	1	0.2	0.2	0.2	0.2
17	1	-1.414	0	0	0	0	0	0	0	0	0	1.2	-0.8	-0.8	-0.8
18	1	1.414	0	0	0	0	0	0	0	0	0	1.2	-0.8	-0.8	-0.8
19	1	0	-1.414	0	0	0	0	0	0	0	0	-0.8	1.2	-0.8	-0.8
20	1	0	1.414	0	0	0	0	0	0	0	0	-0.8	1.2	-0.8	-0.8
21	1	0	0	-1.414	0	0	0	0	0	0	0	-0.8	-0.8	1.2	-0.8
22	1	0	0	1.414	0	0	0	0	0	0	0	-0.8	-0.8	1.2	-0.8
23	1	0	0	0	-1.414	0	0	0	0	0	0	-0.8	-0.8	-0.8	1.2
24	1	0	0	0	1.414	0	0	0	0	0	0	-0.8	-0.8	-0.8	1.2
25	1	0	0	0	0	0	0	0	0	0	0	-0.8	-0.8	-0.8	-0.8

根据因子编码表 5.3 和四因子二次正交表 5.4 确定正交试验数据，共有 25 组试验数据，需要配置 15 种不同组分浓度的溶液，部分试验数据如表 5.5 所示。

表 5.5　正交试验数据

编号	c_K /(g/L)	c_A /(g/L)	c_C /(g/L)	T /℃	d /(mS/cm)
1	195.86	85.86	25.76	73.80	554.3
2	195.86	85.86	25.76	92.20	730.5
3	195.86	85.86	34.24	73.80	529.9
4	195.86	85.86	34.24	92.20	713.6
5	195.86	114.14	25.76	73.80	469.5
6	195.86	114.14	25.76	92.20	627.7
7	195.86	114.14	34.24	73.80	433.5
8	195.86	114.14	34.24	92.20	605.6
9	224.14	85.86	25.76	73.80	573.9
10	224.14	85.86	25.76	92.20	765.7
11	224.14	85.86	34.24	73.80	543.7
12	224.14	85.86	34.24	92.20	739.2
13	224.14	114.14	25.76	73.80	495.4
14	224.14	114.14	25.76	92.20	668.2
15	224.14	114.14	34.24	73.80	468.5
16	224.14	114.14	34.24	92.20	647.1
17	190.0	100.0	30.00	83.00	585.9
18	230.0	100.0	30.00	83.00	607.9
19	210.0	80.00	30.00	83.00	654.9
20	210.0	120.00	30.00	83.00	529.5
21	210.0	100.0	24.00	83.00	593.7
22	210.0	100.0	36.00	83.00	579.9
23	210.0	100.0	30.00	70.00	468.9
24	210.0	100.0	30.00	96.00	734.6
25	210.0	100.0	30.00	83.00	594.4

通过配置上表中不同组分浓度的铝酸钠溶液，连续加热测量每组溶液的温度和电导率，对于一组固定组分配比的铝酸钠溶液（即 c_K、c_A、c_C 固定），其温度与电导率之间的关系如图 5.4 所示。

从试验结果可以看出电导率 d 与三种组分浓度之间的关系是：其随着苛性碱浓度 c_K 的增大而增大，随着氧化铝浓度 c_A 的增大而减小，随着碳酸碱浓度 c_C 的增大而减小，与 2.2.4 节铝酸钠溶液组分浓度特性分析的结论相符。采用正交试验数据对机理近似模型参数进行确定，并进行主模型计算，算法如下。

（1）采用正交试验数据 c_K、k、b，通过最小二乘估计回归式（5.13）中的待定系数 $m_1, m_2, \cdots, m_{10}$。

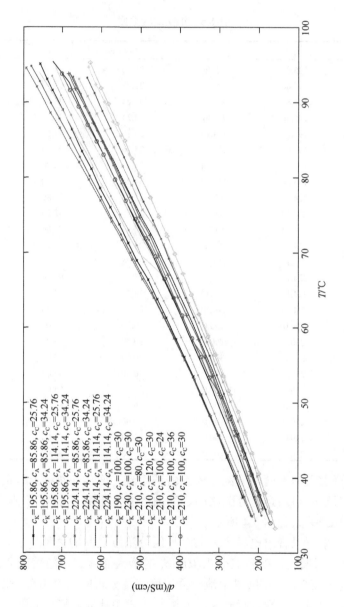

图 5.4 不同组分浓度的溶液温度、电导率关系图

（2）代入正交试验数据 k、b，解已知系数的式（5.13），即求解关于 c_K 的一元四次方程，得到苛性碱浓度主模型计算值 y_{mc_K}。

（3）采用正交试验 k、b 以及步骤（2）计算得到的苛性碱浓度计算值 y_{mc_K}，回归式（5.14）中的待定系数 $n_1, n_2 \cdots, n_6$，从而得到关于氧化铝浓度 c_A 的计算公式。

（4）利用建立好的已知系数的机理近似主模型，对建模数据进行组分浓度近似计算，得到苛性碱和氧化铝浓度主模型计算值 y_{mc_K}、y_{mc_A}。

5.3.2　基于 PCA 与 NN 结合的苛性碱、氧化铝浓度误差补偿模型算法

为提高建模精度，需要对苛性碱及氧化铝的机理建模误差进行补偿。由于输入变量——三种不同的温度和电导率之间存在近似线性关系，因此采用 PCA 对其进行处理。PCA 作为一种数据预处理工具，能够降低输入变量的维数，最大限度地携带原变量中的有用信息，并且新变量之间互不相关，实现数据的有效压缩，消除变量之间的多重共线性[170]。原始数据集 $X = [T_1, d_1, T_2, d_2, T_3, d_3]$，输入变量维数为 6，则 PCA 提取主成分步骤如下。

（1）原始样本标准化。为了消除量纲和数量级不同的影响，采用均值标准差标准化方法处理原始样本数据。

（2）建立标准化变量的协方差矩阵 R，求解矩阵的特征值 $\lambda_i (i = 1, 2, \cdots, 6)$ 及其对应的单位特征向量 E_i，将特征根依大小顺序排序：$\lambda_1 \geq \lambda_2 \geq \cdots \geq \lambda_6 \geq 0$。则 X 的第 i 个主成分为 $t_i = E_i^{\mathrm{T}} X$。

（3）根据累计贡献率，选取主成分。通常选择主成分累积贡献率达到 85% 以上的前 h 个主成分，即取前 h 个主成分 $t_1, t_2, \cdots, t_h$ 的组合来替代原始数据 X，从而使变量维数降低（$h<6$）。

PCA 方法在确保数据信息损失最少的原则下，对输入矩阵进行降维处理并将其得到的主元作为神经网络的输入[171,172]，满足了神经网络训练之前对数据预处理的要求，从而达到提高精度的目的[173]。

神经网络是一种模拟动物神经网络行为特征，进行分布式并行信息处理的数学模型算法。它是用大量的简单计算单元（即神经元）构成的非线性系统，在一定程度和层次上模仿了人脑神经系统的信息处理、存储及检索功能，因而具有学习、记忆和计算等智能处理功能。神经网络具有一些显著的特点：具有非线性映射能力；不需要精确的数学模型；擅长从输入输出数据中学习有用知识；容易实现并行计算等。目前神经网络的理论和应用研究得到了极大的发展，而且已经渗透到很多工程应用领域[174]。BP 网络是 1986 年由 D. Rumelhart 和 J. McCelland 为首的科学家小组提出，是一种按误差逆传播算法训练的多层前馈网络，是目前应用最广泛的神经网络模型之一。BP 网络能学习和存贮大量的输入-输出模式映射

关系，而无须事前揭示描述这种映射关系的数学方程。它的学习规则是使用最速下降法，通过反向传播来不断调整网络的权值和阈值，使网络的误差平方和最小。BP 网络采用多层结构，包括输入层、多个隐含层、输出层，各层间实现全连接。

将 PCA 结合 BP 神经网络进行误差补偿，利用 PCA 获得主元变量，使它们尽可能完整的保留原始变量的信息，且彼此间不相关，达到简化数据和网络结构的目的，加快收敛速度，并提高网络的识别精度[175,176]。如图 5.2 所示，神经网络补偿模型的输入 $t_1, t_2, \cdots, t_h$ 为经过 PCA 计算得到的主元，y_{mc_K} 和 y_{mc_A} 为这两种组分浓度主模型的计算值，$\hat{e}_{c_K}$ 和 $\hat{e}_{c_A}$ 为建模误差补偿模型的输出。经过补偿以后，铝酸钠溶液中苛性碱和氧化铝组分浓度软测量模型的最终输出为

$$\hat{y}_{c_K} = y_{mc_K} + \hat{e}_{c_K} \tag{5.16}$$

$$\hat{y}_{c_A} = y_{mc_A} + \hat{e}_{c_A} \tag{5.17}$$

本章采用的神经网络补偿模型，可以写成如下形式：

$$\hat{y}(k) = V_k \phi[W_k x(k)] \tag{5.18}$$

式中，$x(k) \in R^m$ 代表神经网络的输入变量 $[t_1, t_2, \cdots, t_h, y_{mc_K}, y_{mc_A}]$；$\hat{y}(k) \in R^n$ 代表神经网络的输出变量 $[\hat{e}_{c_K}, \hat{e}_{c_A}]$；$V_k \in R^{1 \times m}$ 表示神经网络的输出层权值向量；$W_k \in R^{m \times n}$ 表示神经网络的隐含层权值矩阵；$\phi \in R^m$ 表示隐含层的激活函数，一般取 Sigmoid 函数。

5.3.3 基于椭球定界的神经网络参数学习算法

PCA 与神经网络相结合的误差补偿模型，关键问题在于神经网络学习算法的选择。基于误差逆传播算法的 BP 网络由于结构简单、工作状态稳定、易于硬件实现等优点成为应用最为广泛的神经网络模型[167]。然而，BP 算法的主要缺点是学习速度慢，训练花费的时间较长，易陷入局部极小。为了克服 BP 算法的缺陷，研究者提出了很多改进方法，比如引入变步长、加入动量项等方法提高网络收敛速度。由于滤波算法与学习算法类似，而 Kalman 滤波算法对于线性系统在白噪声条件下的辨识具有最优性能，故 Singhal 等[177]提出将多层感知器的训练看作非线性动态系统的辨识问题，使用状态空间法建立模型，并应用扩展 Kalman 滤波（extended Kalman filter，EKF）算法来进行训练。试验结果表明，与传统的 BP 算法相比，EKF 算法的收敛性能明显优于 BP 算法。然而，Kalman 滤波训练方法的主要缺点是理论分析要求神经网络建模的不确定性为高斯过程。

为了解决 Kalman 滤波的问题，提高神经网络的收敛速度，并使其具有参数更新功能，Yu 等[178]提出将具有稳定学习的椭球定界算法用于递归神经网络的训练。椭球定界算法是一种集员滤波算法，用来处理具有未知但有界误差数据的一

种滤波方法，与 Kalman 滤波等基于随机噪声假设条件下的滤波方法相比，由于其只要求系统噪声有界，且噪声界已知，而不需要诸如噪声分布、均值和方差等统计特性，因而具有适用面广，鲁棒性强等优点[179]。它与 Kalman 滤波有类似的结构，但在训练时优于 Kalman 滤波的是噪声不要求为高斯分布。与一般的学习算法相比，比如反向传播，椭球定界算法有一些更好的性能，比如计算量低、跟踪能力强、收敛速度快[180,181]等。因此，本章利用椭球定界算法来训练苛性碱和氧化铝浓度单隐层神经网络补偿模型。

下面首先介绍一下椭球定界算法[182]。n 维实椭球，中心为 x^*，可以描述为 $E(x^*,P)=\left\{x\in R^n\mid (x-x^*)^{\mathrm{T}}P^{-1}(x-x^*)\leqslant 1\right\}$，其中 $P\in R^{n\times n}$ 为半正定对称矩阵。如图 5.5 所示，椭球 E 的方向（轴的方向）决定于 P 的特征向量 $[u_1,u_2,\cdots,u_n]^{\mathrm{T}}$，$E$ 的半长轴的长度决定于 P 的特征值 $[\lambda_1,\lambda_2,\cdots,\lambda_n]^{\mathrm{T}}$。

两个椭球 $E_a(x_1,P_1)$ 和 $E_b(x_2,P_2)$ 的交集是另一个椭球，定义为 E_c：

$$E_a\bigcap E_b=E_c=\left\{x\in R^n\mid \lambda(x-x_1)^{\mathrm{T}}P_1^{-1}(x-x_1)+(1-\lambda)(x-x_2)^{\mathrm{T}}P_2^{-1}(x-x_2)\leqslant 1\right\} \quad (5.19)$$

式中，$0\leqslant\lambda\leqslant 1$；$P_1$、$P_2$ 为半正定对称矩阵。正常情况下，两个椭球的交集 $E_a\bigcap E_b$ 一般来说并不是一个椭球。椭球 E_c 包括正常两个椭球交集的部分，$E_a\bigcap E_b\subset E_c$，如图 5.6 所示。

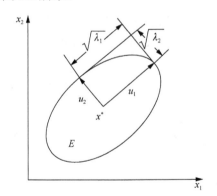

图 5.5　椭球示意图　　　　　　　　图 5.6　两个椭球的交集

根据 λ^* 存在一个最小椭球集，称之为最优定界椭球。所谓椭球定界算法并不是寻找 λ^*，而是设计一个算法使新椭球的面积越来越小。采用椭球的定义来辨识神经网络，首先定义参数误差椭球 E_k 为

$$E_k=\left\{\theta_i(k)\mid \tilde{\theta}_i^{\mathrm{T}}(k)P_k^{-1}\tilde{\theta}_i(k)\leqslant 1\right\} \quad (5.20)$$

式中，$\tilde{\theta}_i(k)=\theta_i^*-\theta_i(k)$，$\theta_i^*$ 是最小化建模误差的未知最优权值；$P_k=P_k^{\mathrm{T}}>0$。

假设 $[y_i(k) - B_k^{\mathrm{T}}\theta_i^*]$ 属于一个椭球集 S_k，即

$$S_k = \left\{ B_k^{\mathrm{T}}\theta_i^* \mid \frac{1}{\gamma_i}\left\|y_i(k) - B_k^{\mathrm{T}}\theta_i^*\right\|^2 \leqslant 1 \right\} \tag{5.21}$$

式中，γ_i 为大于零的常数，$i = 1,2,\cdots,n$。文献[183]证明椭球集 $S_1, S_2, \cdots$ 的中心为 θ_i^*，因此

$$\{\theta_i^*\} \subset \bigcap_{j=1}^{k} S_j \tag{5.22}$$

首先假设初始权值误差在椭球 E_1 之内：

$$E_1 = \left\{ \theta_i(1) \mid \tilde{\theta}_i^{\mathrm{T}}(1)P_1^{-1}\tilde{\theta}_i(1) \leqslant 1 \right\} \tag{5.23}$$

式中，$P_1 = P_1^{\mathrm{T}} > 0$，$P_1 \in R^{2m \times 2m}$；$\tilde{\theta}_i(1) = \theta_i^* - \theta_i(1)$，$\theta_i^*$ 为未知最优权值。从式（5.20）中 E_k 的定义知，θ_i^* 是集合 $E_1, E_2, \cdots$ 的共同中心，即

$$\{\theta_i^*\} \subset \bigcap_{j=1}^{k} E_j, \quad \{\theta_i^*\} \subset E_k \tag{5.24}$$

因为两个椭球 E_k 和 S_k 满足式（5.20）和式（5.21），两个椭球的交集 $(1-\lambda_k)E_k + \lambda_k S_k$，满足

$$(1-\lambda_k)\tilde{\theta}_i^{\mathrm{T}}(k)P_k^{-1}\tilde{\theta}_i(k) + \frac{1}{\gamma_i}\lambda_k\left\|y_i(k) - B_k^{\mathrm{T}}\theta_i^*\right\|^2 \leqslant 1 \tag{5.25}$$

所以，辨识的问题是找到一个满足式（5.20）的最小椭球集 E_k。即构建一个递推辨识算法，使 E_k 是一个定界椭球集时，那么 E_{k+1} 也是定界椭球集。下面定理给出了椭球算法的传播过程。

定理 1[183] 如果式（5.20）中的 E_k 是椭球集，则采用如下递归算法更新 P_k 和 $\theta_i(k)$：

$$\theta_i(k+1) = \theta_i(k) + \frac{\lambda_k}{\gamma_i}P_k B_k e_i(k) \tag{5.26}$$

$$\lambda_k = \frac{\lambda\gamma_i}{1 + B_k^{\mathrm{T}}P_{k+1}B_k} \tag{5.27}$$

$$(1-\lambda_k)P_{k+1} = P_k - \frac{\lambda_k}{(1-\lambda_k)\gamma_i + \lambda_k B_k^{\mathrm{T}}P_k B_k}P_k B_k B_k^{\mathrm{T}}P_k \tag{5.28}$$

式中，P_1 是给定的三角正定矩阵，$0 < \lambda < 1$，且 $\lambda_k > 0$，则 E_{k+1} 为椭球集[182]，满足

$$E_{k+1} = \left\{ \theta_i(k+1) \mid \tilde{\theta}_i^{\mathrm{T}}(k+1)P_{k+1}^{-1}\tilde{\theta}_i(k+1) \leqslant 1 - \frac{\lambda_k}{\gamma_i}(1-\lambda)e_i^2(k) \leqslant 1 \right\} \tag{5.29}$$

式中，$\tilde{\theta}_i(k) = \theta_i^* - \theta_i(k)$；$e_i(k) = y_i(k) - \hat{y}_i(k)$。

如果用神经网络来辨识未知非线性对象，神经网络的权值采用式（5.26）～式（5.28）的训练算法，则建模误差 $e_i(k)$ 是有界的，证明如文献[183]所述，并且归一化的建模误差 $\hat{e}_i(k) = e_i(k)\big/\sqrt{1 + B_k^T P_{k+1} B_k}$ 逼近于

$$\limsup_{k \to \infty} \frac{1}{T} \sum_{k=1}^{T} \hat{e}_i^2(k) \leqslant \frac{1}{1-\lambda} \tag{5.30}$$

式中，$0 < \lambda < 1$。

根据 Stone-Weierstrass 定理[184]，未知非线性系统（5.18）可以写成如下形式：

$$y(k) = V_k \phi[W_k x(k)] - \eta(k) \tag{5.31}$$

式中，$\eta(k)$ 代表未建模动态，可以通过选择合适的隐层节点数而减小。由于 Sigmoid 函数 ϕ 可导，因此[185]：

$$\phi[W_k x(k)] - \phi[W_1 x(k)] = \phi'[W_k x(k)](W_k - W_1)x(k) + v_1 \tag{5.32}$$

式中，W_1 为已知初始权值；$\phi' \in R^{m \times m}$ 是非线性激活函数 $\phi(\cdot)$ 对 $W_k x(k)$ 的导数；v_1 为 Taloy 展开式高阶项。由于 ϕ 和 v_1 有界，因此可以得到如下表达式：

$$\begin{aligned} V_k \phi[W_k x(k)] &= (V_k - V_1)\phi[W_k x(k)] + V_1 \phi[W_k x(k)] \\ &= (V_k - V_1)\phi + V_1 \phi'(W_k - W_1)x(k) + V_1 \phi[W_k x(k)] + \varepsilon_1 \end{aligned} \tag{5.33}$$

式中，V_1 为已知初始权值；$\varepsilon_1 = V_1 v_1 \in R^n$。

将式（5.33）代入式（5.31），可得如下单输出神经网络表达式：

$$\bar{y}_i(k) = B_k^T \theta_i(k) + \varsigma_i, \quad i = 1, 2, \cdots, n \tag{5.34}$$

其中输出为

$$y_i(k) = \bar{y}_i(k) - \{V_1 \phi[W_1 x(k)]\}_i$$

式中，$y(k) = [y_1(k), \cdots, y_n(k)]$；$\{\cdot\}_i$ 是向量 $\{\}$ 的第 i 个元素；$V_1 \phi[W_1 x(k)]$ 为已知常数，不影响神经网络的训练。当初始权值 $V_1 = 0$ 时，有 $y_i(k) = \bar{y}_i(k)$，即 $y_i(k) = B_k^T \theta_i(k) + \varsigma_i$。参数 $B_k^T = [\phi, \phi' V_1^T x] \in R^{1 \times 2m}$，$\theta(k) = [\theta_1(k), \cdots, \theta_n(k)]^T = [V_k - V_1, W_k^T - W_1^T]^T \in R^{2m \times 1}$。未建模动态 $\varsigma = \varepsilon_1 - \eta$，且 $\varsigma = [\varsigma_1, \cdots, \varsigma_n]^T$，神经网络的输出：

$$\hat{y}_i(k) = B_k^T \theta_i(k) \tag{5.35}$$

定义建模误差：

$$e_i(k) = y_i(k) - \hat{y}_i(k) \tag{5.36}$$

采用上述椭球定界算法训练此神经网络，从而保证建模误差有界。

根据上述介绍与推导，本章基于椭球定界的误差补偿模型算法步骤如下：

（1）构建神经网络补偿模型式（5.18）估计主模型误差。

（2）重新构造神经网络为线性形式：

$$\hat{y}_i(k) = B_k^T \theta_i(k)$$

$$B_k^T = [\phi, \phi' V_1^T x]$$

$$\theta(k) = [\theta_1(k), \cdots, \theta_n(k)]^{\mathrm{T}}$$

式中，神经网络的输入 $x = [t_1, t_2, \cdots, t_h, y_{mc_K}, y_{mc_A}]$，输出 $\hat{y} = [\hat{e}_{c_K}, \hat{e}_{c_A}]$。

（3）采用椭球定界算法训练权值：

$$\theta_i(k+1) = \theta_i(k) + \frac{\lambda_k}{\gamma_i} P_k B_k e_i(k)$$

$$\lambda_k = \frac{\lambda \gamma_i}{1 + B_k^{\mathrm{T}} P_{k+1} B_k}$$

（4）P_k 按照椭球定界算法改变：

$$(1-\lambda_k)P_{k+1} = P_k - \frac{\lambda_k}{(1-\lambda_k)\gamma_i + \lambda_k B_k^{\mathrm{T}} P_k B_k} P_k B_k B_k^{\mathrm{T}} P_k$$

给定初始条件，则可以开始用椭球定界算法进行神经网络参数估计。

5.4 同步聚类与 TSK 模糊模型相结合的碳酸碱浓度软测量

由第 2.2.4 节的特性分析可知，在温度 T、苛性碱浓度 c_K、氧化铝浓度 c_A 一定的条件下，碳酸碱浓度 c_C 与电导率 d 之间为一次函数关系，即

$$d = k_2 c_C + b_2(T, c_K, c_A) \tag{5.37}$$

式中，k_2 和 b_2 分别表示一次函数的两个系数，且 b_2 是温度 T、苛性碱浓度 c_K、氧化铝浓度 c_A 的非线性函数，k_2 是常数。那么，碳酸碱浓度 c_C 的计算公式如下：

$$c_C = \frac{d - b_2(T, c_K, c_A)}{k_2} \tag{5.38}$$

然而非线性函数 b_2 没有可参考的文献资料，难以建立机理或近似机理模型。通过 2.2.4 节特性分析可知，碳酸碱浓度 c_C 与电导率 d、温度 T、苛性碱浓度 c_K、氧化铝浓度 c_A 都有关，从中可以总结出一些模糊关系。比如，在温度 T、苛性碱浓度 c_K、氧化铝浓度 c_A 一定的条件下，碳酸碱浓度 c_C 越高，电导率越小；碳酸碱浓度 c_C 越低，电导率越大。因此，碳酸碱浓度模型采用模糊建模方法来实现。

模糊技术能够模仿人类的推理思维过程，描述具有不确定性和不精确性的知识。相对其他非线性近似技术，模糊系统提供了一种对非线性系统更加透明的描述，可以以人们熟悉的方式将过程数据转化到模型中，同时进行分析[59]。利用模糊建模方法时，首先对过程的操作域进行适当的模糊划分，并确定各模糊区的隶属函数，然后对每个模糊区可利用不同的模型结构和建模方法建立域模型，最后再将域模型组合，形成整个过程的模型。

按照上述步骤，碳酸碱浓度软测量方法由同步聚类、变量转换、TSK 模糊模

型和合成机制等部分组成，如图 5.7 所示。模型输入变量 $X=[T_1,d_1,T_2,d_2,T_3,d_3,\hat{y}_{c_K},\hat{y}_{c_A}]$，输出变量 $Y=\hat{y}_{c_C}$。具体建模过程是：将经过数据预处理后的数据用同步聚类算法将训练集分成具有不同聚类中心的子集，经变量转换后，用 TSK 模糊模型对每一子集进行训练得出子模型，再根据模糊隶属度函数将各子模型的输出加权求和得到模型最终输出。为了提高模型的使用精度，采用误差反传稳定学习算法更新模型参数，保证了建模误差的有界性。

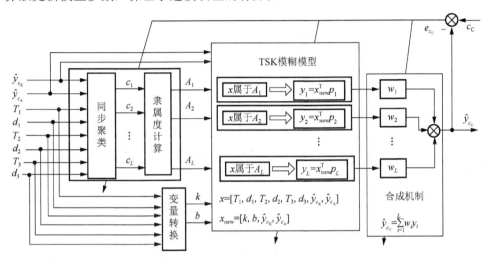

图 5.7　碳酸碱浓度软测量方法结构图

5.4.1　同步聚类算法

一般的聚类算法，如模糊聚类算法[186]、山峰聚类算法[187]、减法聚类算法[188]等，忽略了数据在时间上的先后顺序，并没有考虑相邻时刻数据之间的关联性，并且需要在建模之前积累一定量的数据，不能实现实时数据聚类。针对这些问题，Yu 等提出同步聚类算法[189,190]。它的基本思想是，新的数据点到前一聚类中心的距离小于给定的长度，那么这个点就属于这类，否则组成一个新类。当一个类中有新的数据到来时，聚类中心和分类也跟着变化。

同步聚类算法的优点在于将输入和输出空间在同一时间区间内进行划分，并考虑了相邻时刻数据之间的关联性较大，不是每次计算与各个聚类中心之间的距离，而是只计算相邻时刻数据之间的距离，减少了计算量，提高了计算效率。因此，本章采用同步聚类算法对建模数据 $X=[T_1,d_1,T_2,d_2,T_3,d_3,\hat{y}_{c_K},\hat{y}_{c_A}]$ 进行聚类。同步聚类 k 时刻的欧氏距离 d_k 计算公式如下：

$$d_k = \left(\sum_{j=1}^{8} \left[\frac{x_j(k) - c_{ij}}{x_{j,\max} - x_{j,\min}} \right]^2 \right)^{1/2} \tag{5.39}$$

式中，c_i 是第 i 组数据，即 G_i 的聚类中心。对于 G_i 组，中心 c_i 的第 j 个元素 c_{ij} 的更新公式如下：

$$c_{ij} = \frac{1}{l_2^i - l_1^i + 1} \sum_{l=l_1^i}^{l_2^i} x_j(l), \; i=1,2,\cdots,L \, ; \quad j=1,2,\cdots,8 \tag{5.40}$$

式中，l_1^i 和 l_2^i 分别是第 G_i 组的起始和终止时刻标志，时间长度为 $m^i = l_2^i - l_1^i + 1$。同步聚类算法步骤如下：

（1）第一组数据 G_1 只有第一个时刻的数据 $[T_1(1), d_1(1), T_2(1), d_2(1), T_3(1), d_3(1), \hat{y}_{c_K}(1), \hat{y}_{c_A}(1)]$，因此 $[T_1(1), d_1(1), T_2(1), d_2(1), T_3(1), d_3(1), \hat{y}_{c_K}, \hat{y}_{c_A}]$ 就是第一组的聚类中心，即 $c_{1j} = x_j(1)$，并且 $l_1^i = l_2^i = 1$，$j=1$。

（2）当有新数据到来时，用式（5.39）计算距离 d_k，如果没有新数据，跳到步骤（5）。

（3）如果 $d_k \leqslant \theta$，则 $x_j(k)$ 属于 G_i 组，返回步骤（2）。

（4）如果 $d_k > \theta$，则 $x_j(k)$ 属于一个新的组 G_{i+1}，并且这组的中心为 $c_{i+1,j} = x_j(k)$，令 $l_1^i = l_2^i = k$，返回步骤（2）。

（5）检查所有中心 $c_i(i=1,2,\cdots,L)$ 之间的距离，如果距离小于等于 θ，则这两组数据应合并为一组，这个新组的中心可以是这两组中的任何一个。

θ 是产生新规则的阈值，它是将数据聚成一类的相似度最小取值。阈值的选取是用户根据情况自己定义的，它对聚类的结果有着直接的影响。如果 θ 过小，将得到过多的聚类数，且许多类只有单个元素；相反，如果 θ 过大，则相似程度不是很高的元素也将聚为一类。但如果聚类数大于 1，则必须保证 $\theta < d_{\max}$。

5.4.2 TSK 模糊模型算法

TSK 模糊模型的形式如下：

R_i：如果 x_1 属于 A_{i1} 并且 $\cdots$ 并且 x_r 属于 A_{ir}

那么 $y_i = p_{i0} + p_{i1}x_1 + \cdots + p_{ir}x_r$，$i=1,2,\cdots,L$

其中，L 为规则数，即子模型的个数；$x_j(j=1,2,\cdots,r)$ 为输入变量；y_i 为子模型的输出变量；p_{ij} 为待估计的参数；A_{ij} 为模糊隶属度函数，即

$$A_{ij}(x_j) = \exp(-\frac{(x_j - c_{ij})^2}{2\sigma_i^2}), \quad i=1,\cdots,L \tag{5.41}$$

一般在 TSK 模糊建模方法中，规则的前件和后件用的是一样的输入变量，本章将算法进行了改进，首先用温度、电导率数据用于规则的前件，计算模糊隶属

度，而后件中 TSK 模型的建立采用的是温度和电导率经过变量转换后的变量，即斜率 k 和截距 b，这样做不仅可以减少输入变量和待定参数的个数，而且更能充分利用数据中的有效信息。将经过聚类和变量转换的数据用来模糊建模，模型的输入变量为 $X_{\mathrm{new}} = [k, b, \hat{y}_{c_{\mathrm{K}}}, \hat{y}_{c_{\mathrm{A}}}]$。则碳酸碱浓度软测量模型的最终输出 $\hat{y}_{c_{\mathrm{C}}}$ 公式为

$$\hat{y}_{c_{\mathrm{C}}} = \frac{\sum\limits_{i=1}^{L} \tau_i y_i}{\sum\limits_{i=1}^{L} \tau_i} = \sum_{i=1}^{L} w_i (p_{i0} + p_{i1}k + p_{i2}b + p_{i3}\hat{y}_{c_{\mathrm{K}}} + p_{i4}\hat{y}_{c_{\mathrm{A}}}) \tag{5.42}$$

$$w_i = \tau_i / \sum_{i=1}^{L} \tau_i \tag{5.43}$$

式中，$\tau_i = A_{i1}(T_1) \times A_{i2}(d_1) \times A_{i3}(T_2) \times A_{i4}(d_2) \times A_{i5}(T_3) \times A_{i6}(d_3) \times A_{i7}(\hat{y}_{c_{\mathrm{K}}}) \times A_{i8}(\hat{y}_{c_{\mathrm{A}}})$，而 w_i 表示各个子模型的权值。

5.4.3 基于稳定学习的模型参数估计算法

为了提高模型精度，使其具有参数修正功能，这里采用稳定学习算法[191]对模型参数进行更新。上述碳酸碱浓度软测量模型的最终输出可以表示为

$$\hat{Y}(k) = P(k)\Phi[X(k)] \tag{5.44}$$

式中，$\Phi(\cdot)$ 是高斯函数；$\hat{Y}(k) = [\hat{y}_1 \cdots \hat{y}_m]^{\mathrm{T}}$。第 $q(q = 1, 2, \cdots, m)$ 组数据的输出可以表示为

$$\hat{y}_q = \frac{\sum\limits_{i=1}^{L} \left(\sum\limits_{k=0}^{n} p_{qk}^i x_k \right) \prod\limits_{j=1}^{n} \exp\left(-\dfrac{(x_j - c_{ji})^2}{\sigma_{ji}^2} \right)}{\sum\limits_{i=1}^{L} \prod\limits_{j=1}^{n} \exp\left(-\dfrac{(x_j - c_{ji})^2}{\sigma_{ji}^2} \right)} \tag{5.45}$$

其中，$x_0 = 1$，定义 $z_i = \prod\limits_{j=1}^{n} \exp\left(-\dfrac{(x_j - c_{ji})^2}{\sigma_{ji}^2} \right)$，$a_q = \sum\limits_{i=1}^{L} \left(\sum\limits_{k=0}^{n} p_{qk}^i x_k \right) z_i$，$b = \sum\limits_{i=1}^{L} z_i$，则有

$$\hat{y}_q = \frac{a_q}{b} \tag{5.46}$$

根据模糊推理系统函数逼近理论，此非线性参数估计过程可以表示如下：

$$y_q = \frac{\sum\limits_{i=1}^{L} \left(\sum\limits_{k=0}^{n} p_{qk}^{i*} x_k \right) \prod\limits_{j=1}^{n} \exp\left(-\dfrac{(x_j - c_{ji}^{*})^2}{\sigma_{ji}^{*2}} \right)}{\left[\sum\limits_{i=1}^{L} \prod\limits_{j=1}^{n} \exp\left(-\dfrac{(x_j - c_{ji}^{*})^2}{\sigma_{ji}^{*2}} \right) \right]} - \mu_q \tag{5.47}$$

式中，p_{qk}^{i*}、c_{ji}^*、σ_{ji}^{*2} 是能够最小化未建模动态 μ_q 的未知参数。

对于具有三个独立变量 x_1、x_2、x_3 的光滑函数 f，Taylor 级数展开有如下形式：

$$f(x_1, x_2, x_3) = \sum_{k=0}^{l-1} \frac{1}{k!} \left[(x_1 - x_1^0) \frac{\partial}{\partial x_1} + (x_2 - x_2^0) \frac{\partial}{\partial x_2} + (x_3 - x_3^0) \frac{\partial}{\partial x_3} \right]^k f + R_l \quad (5.48)$$

式中，R_l 为 Taylor 公式的高阶项。令 x_1、x_2、x_3 对应 p_{qk}^{i*}、c_{ji}^*、σ_{ji}^{*2}，并且 x_1^0、x_2^0、x_3^0 对应 p_{qk}^i、c_{ji}、σ_{ji}^2。令 $f = y_q + \mu_q$，那么

$$y_q + \mu_q = \hat{y}_q + \sum_{i=1}^L \left(\sum_{k=0}^n (p_{qk}^{i*} - p_{qk}^i) x_k \right) \frac{z_i}{b} + \sum_{i=1}^L \sum_{j=1}^n \frac{\partial}{\partial c_{ji}} \left(\frac{a_q}{b} \right) (c_{ji}^* - c_{ji})$$
$$+ \sum_{i=1}^L \sum_{j=1}^n \frac{\partial}{\partial \sigma_{ji}} \left(\frac{a_q}{b} \right) (\sigma_{ji}^* - \sigma_{ji}) + R_{1q} \quad (5.49)$$

其中，R_{1q} 为 Taylor 级数二阶逼近误差，根据链式规则，有

$$\frac{\partial}{\partial c_{ji}} \left(\frac{a_q}{b} \right) = \frac{\partial}{\partial z_i} \left(\frac{a_q}{b} \right) \frac{\partial z_i}{\partial c_{ji}}$$
$$= \left(\frac{1}{b} \frac{\partial a_q}{\partial z_i} + \frac{\partial}{\partial z_i} \left(\frac{1}{b} \right) a_q \right) \left(2z_i \frac{x_j - c_{ji}}{\sigma_{ji}^2} \right)$$
$$= \left(\frac{\sum_{k=0}^n p_{qk}^i x_k}{b} - \frac{a_q}{b^2} \right) \left(2z_i \frac{x_j - c_{ji}}{\sigma_{ji}^2} \right) \quad (5.50)$$
$$= 2z_i \frac{\sum_{k=0}^n p_{qk}^i x_k - \hat{y}_q}{b} \frac{x_j - c_{ji}}{\sigma_{ji}^2}$$

$$\frac{\partial}{\partial \sigma_{ji}} \left(\frac{a_q}{b} \right) = \frac{\partial}{\partial z_i} \left(\frac{a_q}{b} \right) \frac{\partial z_i}{\partial \sigma_{ji}} = 2z_i \frac{\sum_{k=0}^n p_{qk}^i x_k - \hat{y}_q}{b} \frac{(x_j - c_{ji})^2}{\sigma_{ji}^3} \quad (5.51)$$

写成矩阵形式，如下：

$$y_q + \mu_q = \hat{y}_q - Z(k) \tilde{P}_q - D_{Zq} \bar{C}_k E - D_{Zq} \bar{B}_k E + R_{1q} \quad (5.52)$$

式中，

$$Z(k) = \left[\frac{z_1}{b}, \cdots, \frac{z_L}{b} \right]^{\mathrm{T}}, \quad P_q = \left[\sum_{k=0}^{n} p_{qk}^1 x_k, \cdots, \sum_{k=0}^{n} p_{qk}^L x_k \right], \quad \tilde{P}_q = P_q - P_q^*$$

$$D_{Zq} = \left[2z_1 \frac{\sum_{k=0}^{n} p_{qk}^1 x_k - \hat{y}_q}{b}, \cdots, 2z_L \frac{\sum_{k=0}^{n} p_{qk}^L x_k - \hat{y}_q}{b} \right], \quad E = [1, \cdots, 1]^{\mathrm{T}}$$

$$\overline{C}_k = \begin{bmatrix} \dfrac{x_1 - c_{11}}{\sigma_{11}^2}(c_{11} - c_{11}^*), \cdots, \dfrac{x_n - c_{n1}}{\sigma_{n1}^2}(c_{n1} - c_{n1}^*) \\ \vdots \qquad\qquad \vdots \\ \dfrac{x_1 - c_{1L}}{\sigma_{1L}^2}(c_{1L} - c_{1L}^*), \cdots, \dfrac{x_n - c_{nL}}{\sigma_{nL}^2}(c_{nL} - c_{nL}^*) \end{bmatrix}$$

$$\overline{B}_k = \begin{bmatrix} \dfrac{(x_1 - c_{11})^2}{\sigma_{11}^3}(\sigma_{11} - \sigma_{11}^*), \cdots, \dfrac{(x_n - c_{n1})^2}{\sigma_{n1}^3}(\sigma_{n1} - \sigma_{n1}^*) \\ \vdots \qquad\qquad \vdots \\ \dfrac{(x_1 - c_{1L})^2}{\sigma_{1L}^3}(\sigma_{1L} - \sigma_{1L}^*), \cdots, \dfrac{(x_n - c_{nL})^2}{\sigma_{nL}^3}(\sigma_{nL} - \sigma_{nL}^*) \end{bmatrix}$$

那么

$$e_q = \hat{y}_q - y_q = Z(k)\tilde{P}_q + D_{Zq}\overline{C}_k E + D_{Zq}\overline{B}_k E + \mu_q - R_{1q} \tag{5.53}$$

写成向量形式，有

$$e(k) = \tilde{P}_k Z(k) + D_Z(k)\overline{C}_k E + D_Z(k)\overline{B}_k E + \varsigma(k) \tag{5.54}$$

式中，

$$e(k) = [e_1, \cdots, e_m]^{\mathrm{T}}$$

$$\tilde{P}_k = \begin{bmatrix} \sum_{k=1}^{n} p_{1k}^1 x_k - \sum_{k=1}^{n} p_{1k}^{1*} x_k, \cdots, \sum_{k=1}^{n} p_{mk}^1 x_k - \sum_{k=1}^{n} p_{mk}^{1*} x_k) \\ \vdots \qquad\qquad \vdots \\ \sum_{k=1}^{n} p_{1k}^L x_k - \sum_{k=1}^{n} p_{1k}^{L*} x_k, \cdots, \sum_{k=1}^{n} p_{mk}^L x_k - \sum_{k=1}^{n} p_{mk}^{L*} x_k) \end{bmatrix}$$

$$D_z(k) = \begin{bmatrix} 2z_1\dfrac{\sum\limits_{k=1}^{n}p_{1k}^1x_k-\hat{y}_1}{b},\cdots,2z_L\dfrac{\sum\limits_{k=1}^{n}p_{1k}^Lx_k-\hat{y}_1}{b} \\ \vdots \qquad\qquad \vdots \\ 2z_1\dfrac{\sum\limits_{k=1}^{n}p_{mk}^1x_k-\hat{y}_m}{b},\cdots,2z_L\dfrac{\sum\limits_{k=1}^{n}p_{mk}^Lx_k-\hat{y}_m}{b} \end{bmatrix}$$

$$\varsigma(k)=\mu-R_1,\quad \mu=[\mu_1,\cdots,\mu_m]^T,\quad R_1=[R_{11},\cdots,R_{1m}]^T$$

假设非线性系统输入-输出是稳定的，由于高斯函数 Φ 有界，因此 $\mu(k)$ 是有界的，进而可知 $\varsigma(k)$ 是有界的。那么，与文献[192]中模糊神经网络的学习算法类似，采用如下权值矩阵和参数稳定学习算法，将使得建模误差 $e(k)$ 有界：

$$p_{qk}^i(k+1)=p_{qk}^i(k)-\eta_k(\hat{y}_q-y_q)\frac{z_i}{b}x_k \tag{5.55}$$

$$c_{ji}(k+1)=c_{ji}(k)-2\eta_k z_i\frac{\sum\limits_{k=0}^{n}p_{qk}^ix_k-\hat{y}_q}{b}\frac{x_j-c_{ji}(k)}{\sigma_{ji}^2(k)}(\hat{y}_q-y_q) \tag{5.56}$$

$$\sigma_{ji}(k+1)=\sigma_{ji}(k)-2\eta_k z_i\frac{\sum\limits_{k=0}^{n}p_{qk}^ix_k-\hat{y}_q}{b}\frac{(x_j-c_{ji}(k))^2}{\sigma_{ji}^3(k)}(\hat{y}_q-y_q) \tag{5.57}$$

定义 $D_1=\dfrac{z_i}{b}x_k$, $D_2=\dfrac{x_j-c_{ji}}{\sigma_{ji}^2}$, $D_3=\dfrac{(x_j-c_{ji})^2}{\sigma_{ji}^3}$, $\Phi_k=\|D_1\|^2+\|D_z\|^2\|D_2\|^2+\|D_z\|^2\|D_3\|^2$,

选择 $\eta_k=\dfrac{\eta}{1+\Phi_k}$, $0<\eta\leqslant1$。那么，平均建模误差满足

$$J=\limsup_{T\to\infty}\frac{1}{T}\sum_{k=1}^{T}\|e(k)\|^2\leqslant\frac{\eta}{\pi}\bar{\varsigma} \tag{5.58}$$

式中，$\pi=\dfrac{\eta}{[1+\max(\Phi_k)]^2}>0$, $\bar{\varsigma}=\max_k(\|\varsigma(k)\|^2)$，证明与文献[192]类似。

5.5 仿真试验

5.5.1 数据描述

本章与第4章相同，采用第3章预处理后余下375组数据作为组分浓度软测

量模型的离线训练数据，然后用预留的 150 组样本数据来测试所建铝酸钠溶液组分浓度软测量模型的性能和精度。

5.5.2　模型参数选择

第一步，采用正交试验数据，回归式（5.13）中的系数得到如下方程：

$$c_K^4 - 459.34c_K^3 + 3.01bc_K^2 + 84.09kc_K^2 + 23840365.11c_K - 111533.18b \quad (5.59)$$
$$- 3912127.71k - 2691569213.10 = 0$$

求解过程中首先排除虚根，在实根中设定根的范围在 190～230 之间，如果有两个以上满足这个条件，则采用与上次的计算值最接近的根作为此次的计算值 y_{mc_K}。

第二步，回归式（5.14）中的待定系数，有

$$c_A = \frac{(k-b) - (0.18022c_K^2 - 60.643c_K + 5074.9)}{0.0027749c_K^2 - 1.1637c_K + 121.4} \quad (5.60)$$

将 c_K 的计算值 y_{mc_K} 代入式（5.60），可获得 c_A 的计算值 y_{mc_A}。

第三步，训练神经网络补偿模型。首先，采用 PCA 进行主元提取，方差累计贡献率计算结果，如表 5.6 所示。

表 5.6　主成分及方差贡献率

主元编号	cov(x)的特征值	此主元的方差贡献/%	累计方差贡献/%
1	2.96	49.32	49.32
2	1.61	26.82	76.14
3	0.969	16.16	92.30
4	0.393	6.55	98.86
5	0.0454	0.76	99.61
6	0.0232	0.39	100.00

主元个数与特征值关系曲线，如图 5.8 所示。

按照累计贡献率，选择 3 个主元，加上 y_{mc_K}、y_{mc_A} 共 5 个变量作为神经网络的输入，选择神经网络隐含层节点数为 12 个，并采用椭球定界学习算法对网络进行训练，椭球算法参数选择如下：$\lambda = 0.5$，$\gamma_i = 1$。

第四步：采用同步聚类算法首先对数据进行聚类。由于产生新规则的阈值 θ 直接影响到 TSK 模糊模型的个数 L。我们采用不用的 θ 值得到不同的 L，然后计算模型的均方根误差，结果如图 5.9 和表 5.7 所示。

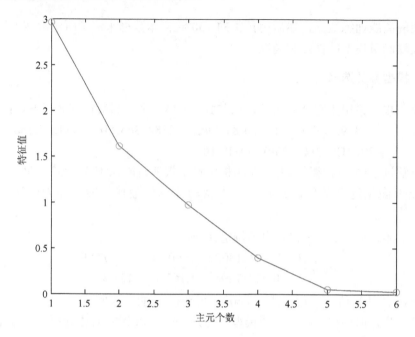

图 5.8　主元个数与特征值关系曲线

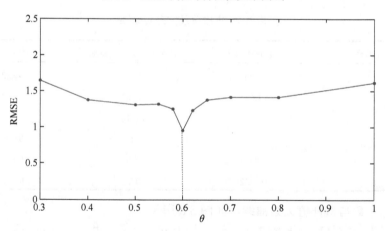

图 5.9　θ 与 RMSE 的关系曲线

表 5.7　不同 θ 对应的 RMSE 结果

θ	L	RMSE
1.0	3	1.61
0.8	10	1.41
0.7	10	1.41

续表

θ	L	RMSE
0.65	15	1.37
0.62	18	1.23
0.60	21	0.95
0.58	25	1.25
0.55	26	1.32
0.5	29	1.31
0.4	33	1.37
0.3	47	1.64

因此，最终选择阈值 $\theta=0.6$，375 组建模数据得到 21 类数据，部分聚类中心如表 5.8 所示。然后采用带有稳定学习的参数更新算法，对碳酸碱浓度进行模糊建模。

表 5.8 部分聚类中心

数据	T_1 /℃	d_1 /(mS/cm)	T_2 /℃	d_2 /(mS/cm)	T_3 /℃	d_3 /(mS/cm)	y_{c_K} /(g/L)	y_{c_A} /(g/L)	c_c /(g/L)
1	83.75	526.6	62.38	355.05	74.16	451.06	201.09	89.61	26.4
2	83.46	538.51	66.54	395.47	74.74	457.97	202.61	95.65	25.6
3	87.81	603.87	71.61	460.73	76.21	505.56	196.96	87.54	25.69
4	87.78	591.77	69.16	435.02	76.23	499.28	185.44	81.08	29.75
⋮	⋮	⋮	⋮	⋮	⋮	⋮	⋮	⋮	⋮
19	85.64	536.01	62.03	392.84	75.07	495.85	192.78	86.72	24.76
20	82.06	433.8	66.42	342.94	81.93	455.65	210.39	107.57	23.16
21	77.13	381.51	70.04	360.99	77.19	416	196.88	103.27	24.78

第五步：将建立好的软测量模型用于测试，计算铝酸钠溶液三种组分的浓度。

5.5.3 试验结果与分析

1. 苛性碱、氧化铝浓度机理近似模型仿真试验结果与分析

按照上述步骤进行训练和测试，图 5.10 为苛性碱和氧化铝浓度机理近似模型的训练结果，图 5.11 为机理近似模型的测试结果。

两种组分浓度机理近似模型测试误差自相关函数如图 5.12 和图 5.13 所示。从两种组分浓度的误差自相关曲线可以看出，机理近似模型的精度较差，c_K 误差自相关函数图中，零点左右有两个较大峰值；同样，c_A 误差自相关函数图中，零点左右的峰值更大，说明两个模型的误差均还有待补偿。

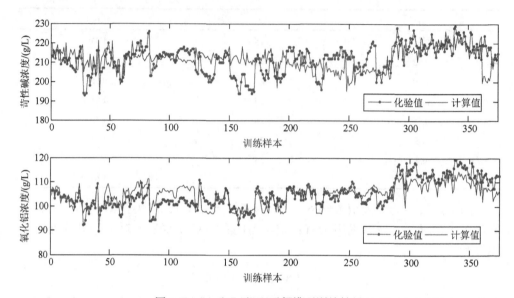

图 5.10 c_K 和 c_A 机理近似模型训练结果

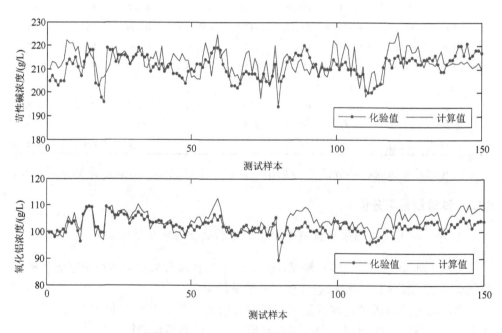

图 5.11 c_K 和 c_A 机理近似模型测试结果

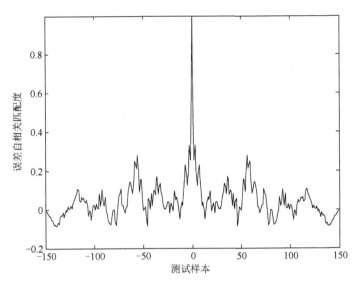

图 5.12 c_K 测试误差自相关函数

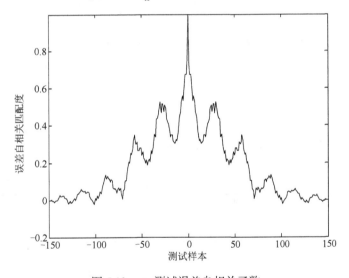

图 5.13 c_A 测试误差自相关函数

2. 苛性碱、氧化铝浓度机理近似主模型结合误差补偿模型仿真试验结果与分析

将机理近似模型的建模误差用于建立补偿模型,经过 PCA 与 NN 补偿后的模型计算值与化验值曲线比较如图 5.14 和图 5.15 所示。

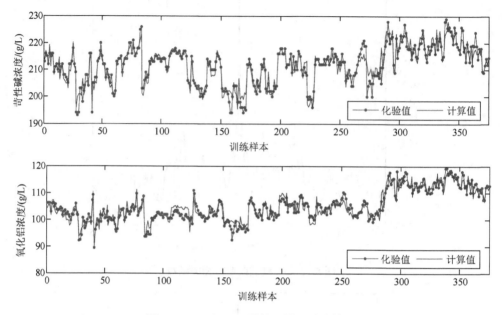

图 5.14 c_K 和 c_A 经补偿后模型训练结果

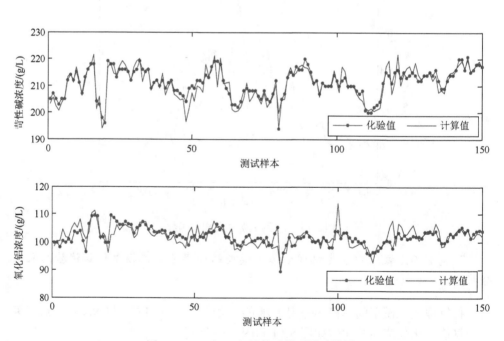

图 5.15 c_K 和 c_A 经补偿后模型测试结果

补偿前后模型测试结果比较如图 5.16 所示，补偿后的模型误差自相关函数曲线如图 5.17 和图 5.18 所示。

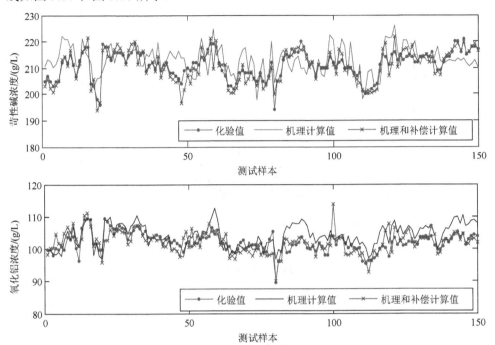

图 5.16 c_K 和 c_A 补偿前后模型测试结果比较

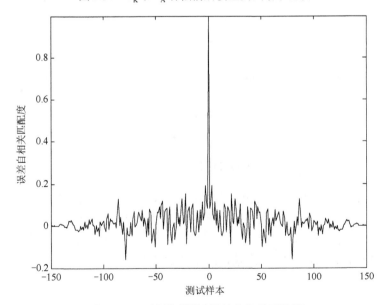

图 5.17 c_K 补偿后测试误差自相关函数图

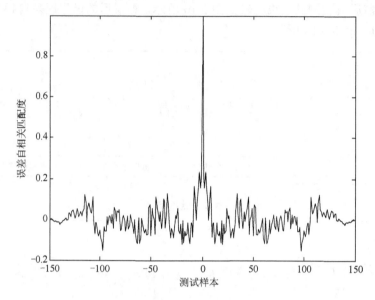

图 5.18 c_A 补偿后测试误差自相关函数图

以苛性碱浓度 c_K 为例，椭球算法和 BP 算法的建模误差如图 5.19 所示。

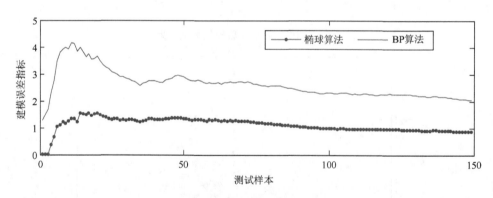

图 5.19   椭球算法和 BP 算法的建模误差

从图 5.16~图 5.19 可以看出，误差补偿后，模型精度有所提高，误差自相关函数曲线也更接近于高斯函数，而且椭球算法比 BP 算法收敛速度快，精度高。对补偿前后测试结果进行比较，同时与不采用 PCA 而直接采用 NN 补偿（网络结构为 8-18-2）的方法进行精度比较，结果如表 5.9 所示。

表 5.9 补偿前后的精度比较

方法	训练		测试	
	RMSEc_K	RMSEc_A	RMSEc_K	RMSEc_A
机理	5.69	3.36	7.45	3.72
机理和 NN 补偿	2.56	1.46	3.23	2.68
机理和 PCA+NN 补偿	2.42	1.83	2.44	2.64

3. 加大测量噪声情况下，基于椭球算法和 BP 算法的神经网络补偿模型软测量结果比较与分析

图 5.20 为在神经网络补偿模型的输入端（归一化之后）加上一个幅值为 0.1 的随机测量噪声时，基于椭球算法和 BP 算法的苛性碱浓度神经网络补偿模型的测试结果，图 5.21 为建模误差指标比较。可以看出，当噪声在[0,0.1]时，不具有椭球定界算法的神经网络补偿模型建模误差指标发散，出现了不稳定的情况。

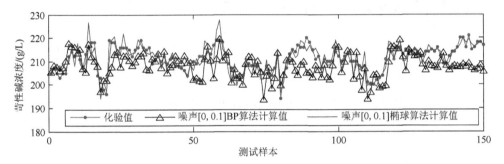

图 5.20 输入测量噪声为[0,0.1]时的苛性碱浓度软测量结果

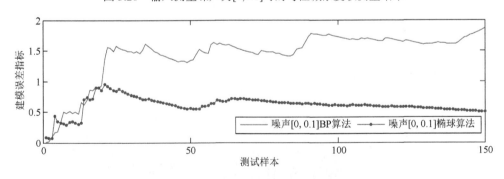

图 5.21 输入测量噪声为[0,0.1]时的苛性碱浓度建模误差指标曲线

4. 碳酸碱浓度软测量结果与分析

采用本章提出的具有稳定学习算法的碳酸碱浓度模糊模型，其训练和测试结

果如图 5.22 和图 5.23 所示，自相关函数曲线如图 5.24 所示。

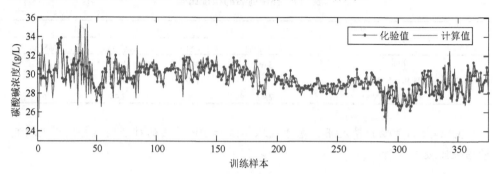

图 5.22　具有稳定学习的碳酸碱浓度 c_C 模糊模型训练结果

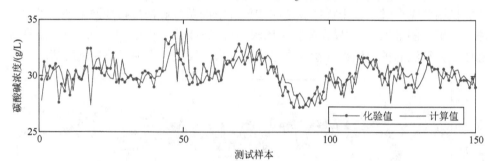

图 5.23　具有稳定学习的碳酸碱浓度 c_C 模糊模型测试结果

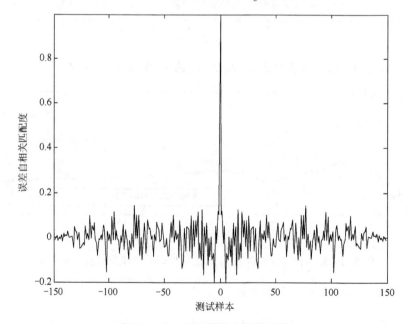

图 5.24　c_C 测试误差自相关函数

不具有稳定学习的参数估计方法的训练和测试结果如图 5.25 和图 5.26 所示，自相关函数曲线如图 5.27 所示。

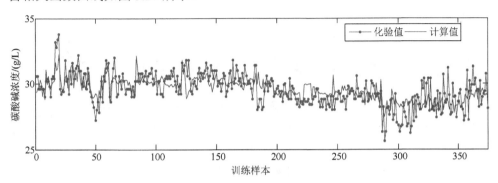

图 5.25　不具有稳定学习的碳酸碱浓度 c_C 模糊模型训练结果

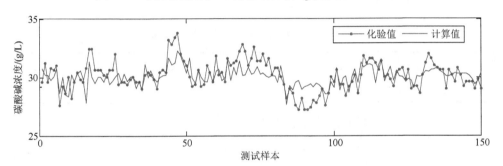

图 5.26　不具有稳定学习的碳酸碱浓度 c_C 模糊模型测试结果

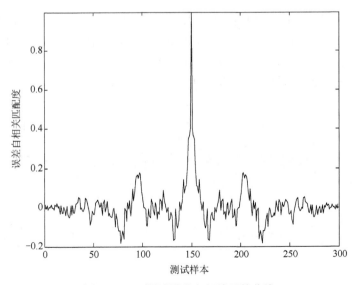

图 5.27　c_C 测试误差自相关函数曲线

两种方法的测试结果比较如图 5.28 所示。

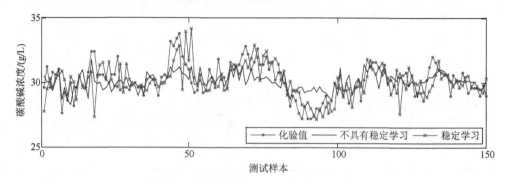

图 5.28 碳酸碱浓度 c_C 测试结果比较

测试精度比较如表 5.10 所示。

表 5.10 碳酸碱浓度不同方法精度比较

方法	训练 RMSEc_C	测试 RMSEc_C
不具有稳定学习	1.25	1.19
稳定学习	0.95	1.02

可见带有稳定学习的建模方法精度较高。

5. 加大测量噪声情况下，具有和不具有稳定学习的碳酸碱浓度软测量结果与分析

图 5.29 为在碳酸碱浓度模型的输入端（归一化之后）加上一个幅值为 0.1 的随机测量噪声时，具有和不具有稳定学习算法的碳酸碱浓度模糊模型的测试结果。图 5.30 为建模误差指标比较。当噪声在[0,0.1]时，不具有稳定学习算法的模型建模误差指标虽然没有明显发散，但精度比稳定学习算法差。

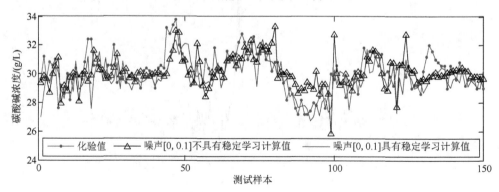

图 5.29 输入测量噪声为[0,0.1]时的碳酸碱浓度软测量结果

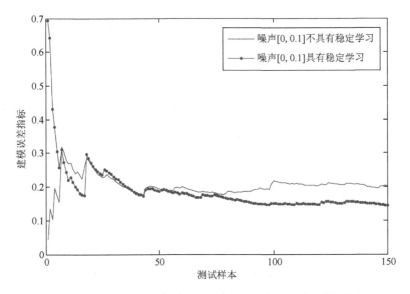

图 5.30 输入测量噪声为[0,0.1]时的碳酸碱浓度建模误差指标曲线

5.6 两种铝酸钠溶液组分浓度软测量方法的比较研究

第 4 章提出的基于数据驱动的 HRNNPLS 建模方法与本章提出的机理与数据驱动相结合的混合建模方法，都可以解决氧化铝生产过程铝酸钠溶液组分浓度软测量问题，但两种方法各有优缺点。本节分别从两种方法的适用范围和模型性能两方面对其进行比较。

5.6.1 两种方法适用范围比较

基于 HRNNPLS 的数据驱动建模方法，是一种完全黑箱的建模方式，结构相对简单，只需给定输入输出数据即可。它摆脱了对工艺机理模型的依赖性，考虑了组分浓度与过去时刻的动态关联，是一种动态建模方法。与静态的数据驱动建模方法，如 NN、NNPLS 等方法相比，HRNNPLS 方法建立的组分浓度软测量模型拟合效果较好。与动态的建模方法，如 DNNPLS 相比，精度较高。它除了适用于铝酸钠溶液组分浓度机理模型未知或模型参数难以获得的情况，还适用于其他具有类似非线性静态与线性动态相结合特点的工业过程。但是，由于 HRNNPLS 完全基于数据分析，模型的参数缺乏明确的物理意义，模型的外推性能受到建模数据数量和质量的限制。

基于机理和数据驱动的混合软测量建模方法，利用机理知识建立了苛性碱和氧化铝的机理近似模型,利用模糊机理关系建立了碳酸碱浓度的模糊计算模型,可解释性强、外推性能较好。它适用于铝酸钠溶液组分浓度机理模型参数已知的情况,需要设计正交试验求解机理模型参数,并且包括建立误差补偿模型、同步聚类、建立 TSK 子模型等步骤。但是,由于机理近似模型来源于试验,组分浓度从一个状态到另一个状态的变化过程即动态特性难以测量,因此只能建立静态模型,忽略其动态关联。

5.6.2 两种方法性能比较

下面分别从模型的复杂度、运算速度和精度方面对两种方法进行比较。

1. 模型复杂度

对于基于数据驱动的 HRNNPLS 软测量模型而言,模型的复杂性主要取决于内部 HRNN 神经网络结构。由于 HRNN 网络本质上是一个双隐层局部递归神经网络,因此结构比普通的神经网络复杂,参数较多,复杂度主要取决于节点个数的选取。本章所用 HRNN 结构为 1-6-6-1。

对于基于机理和数据驱动的混合软测量模型而言,苛性碱、氧化铝浓度机理近似模型的参数需要设计正交试验获得,补偿模型的复杂性取决于神经网络的节点个数。本章所用补偿神经网络的结构为 5-12-2。碳酸碱浓度采用同步聚类和 TSK 模型建立,模型的复杂度取决于聚类数和模型参数个数。本书聚成 21 类,且每个 TSK 模型的参数为 7 个。

比较两种软测量方法结构可知,HRNNPLS 方法建模过程较简单,包括外部 PLS 模型和内部双隐含层 HRNN 网络;机理和数据驱动混合软测量模型包括机理近似主模型、PCA 与神经网络补偿模型、同步聚类和模糊 TSK 模型等,结构和步骤相对复杂。

2. 模型运算速度

为了比较两种方法的运算速度,分别对其训练和测试运行时间进行比较,结果如表 5.11 所示,HRNNPLS 方法训练时间较机理和数据驱动混合方法短,测试时间较机理和数据驱动混合方法长。具体分析如下。

在模型训练阶段,由于 HRNNPLS 模型是完全基于数据的方法,计算简单,运行时间较短;机理和数据驱动混合建模的方法不仅要做正交试验确定模型系数,而且包括求解机理主模型方程和 PCA 与 NN 补偿模型输出两部分,故运行时间较长。但在测试阶段,对于已知机理模型参数、神经网络权值和模糊模型个数及参数的混合模型,计算不需要太长的时间;相对而言,由于 HRNNPLS 模型需要经过外部 PLS 变换和内部 HRNN 双隐层神经网络计算,则运算速度稍慢。

表 5.11 两种方法训练和测试运行速度比较

方法	训练运行时间/s			测试运行时间/s		
	c_K	c_A	c_C	c_K	c_A	c_C
HRNNPLS	0.329	0.312	0.297	0.094	0.063	0.093
机理和数据驱动混合	21.22	21.16	0.496	0.015	0.031	0.015

3. 模型精度

为评价预测模型性能，本书使用均方误差及均方相关系数对模型的精度进行了统计，其中均方相关系数公式如下：

$$r^2 = \frac{n\sum_{i=1}^{n}\hat{y}_i y_i - \sum_{i=1}^{n}\hat{y}_i \sum_{i=1}^{n} y_i}{(n\sum_{i=1}^{n}\hat{y}_i^2 - (\sum_{i=1}^{n}\hat{y}_i)^2)(n\sum_{i=1}^{n} y_i^2 - (\sum_{i=1}^{n} y_i)^2)} \tag{5.61}$$

将两种方法的测试结果进行比较，如图 5.31 所示。可见两种方法的计算值曲线趋势正确，拟合性能较好。

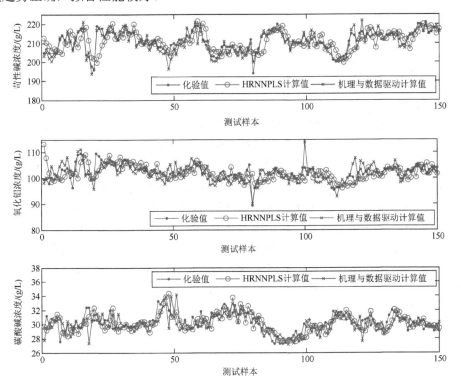

图 5.31 基于 HRNNPLS 方法和混合建模方法的组分浓度测试结果

两种方法的精度比较结果,如表 5.12 所示。

表 5.12   两种方法精度比较

方法	c_K		c_A		c_C	
	RMSE	r^2	RMSE	r^2	RMSE	r^2
HRNNPLS	4.62	0.35	2.97	0.24	1.04	0.31
机理和数据驱动混合	2.44	0.85	2.64	0.44	1.02	0.46

分析两种方法的测试精度,机理与数据驱动混合的软测量方法比 HRNNPLS 方法的均方根误差小,且均方相关系数较大,精度较高。这并不是说明静态建模方法比动态建模方法好(因为第 4 章仿真结果表明基于数据驱动的动态建模方法 HRNNPLS 和 DNNPLS 要比静态的 NNPLS 和 NN 精度高),而是机理和数据驱动相结合的混合软测量建模方法充分地利用了机理知识,比 HRNNPLS 更有效地针对氧化铝生产过程。因此,虽然得不到组分浓度的动态机理模型,其静态机理近似模型仍能得到较好的测量结果。然而,HRNNPLS 比混合建模方法更直接,更简单,通用性较强,对于其他类似特点的工业过程可能更有效,可以推广应用到其他领域。两种方法的精度都可以满足氧化铝生产工艺要求,用户可以根据实际对象决定选择哪种方法。

5.7   本章小结

本章通过对铝酸钠溶液组分浓度特性的深入研究,提出以机理近似模型为主模型,PCA 与神经网络结合作为误差补偿模型的苛性碱、氧化铝浓度软测量方法。通过正交试验获得机理近似模型的参数,并应用椭球定界算法训练神经网络误差补偿模型,保证了建模误差有界。针对碳酸碱浓度难以建立机理模型的情况,提出了基于同步聚类与多个 TSK 模糊模型相结合的碳酸碱浓度软测量方法,并采用稳定学习算法更新模型参数。将所提方法应用于氧化铝生产过程铝酸钠溶液组分浓度检测,试验结果表明了方法的有效性。综合比较两种铝酸钠溶液组分浓度软测量方法的适用范围和性能,两种方法各有优缺点。数据驱动建模方法虽然精度稍差,但方法较简单,具有通用推广价值。混合建模方法由于深入分析了过程机理特性,故精度较高。

6
铝酸钠溶液组分浓度软测量系统的设计与开发

随着计算机技术的发展，软测量方法的最终实现依赖于软件。软测量通常是在生产装置现有的软、硬件平台上实施。一般包括如下基本模块[167]。

（1）实时数据平台：实现各功能模块与生产过程之间交换实时数据及模块间的快速交换。

（2）输入/输出（input/output，I/O）接口：负责过程数据的采集和软测量计算结果的输出。

（3）故障诊断和数据处理：对过程数据进行故障诊断和所需的数据处理，为软测量的实时计算模块提供数据（实时数据和历史数据）以及必要的信息。

（4）在线实时计算：实现软测量模型的各种算法，得到计算值，并做必要的校验，确保结果的可靠性。

（5）监视与整定：提供给工程师或操作员的界面，给工程师提供维护的接口。可以对软测量进行监控、模型调整、参数设置、命令选择等。

铝酸钠溶液组分浓度检测系统结构如图 6.1 所示，分为工业现场、设备安装室、监控室三部分。工业现场是指氧化铝生产过程中产生的铝酸钠溶液；设备安装室中包括在线取样柜和仪表控制柜等；监控室中包括工控机和打印机。

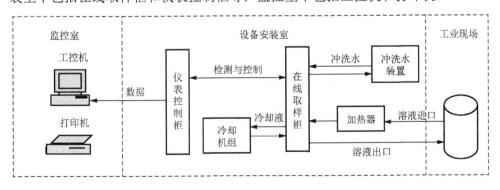

图 6.1　铝酸钠溶液组分浓度在线分析系统结构图

　　根据铝酸钠溶液组分浓度检测系统的工作原理，作者所在团队设计并开发了铝酸钠溶液组分浓度软测量软件系统，并将提出的混合软测量建模方法用于中国铝业河南分公司进行工业试验，实现铝酸钠溶液组分浓度的在线实时检测。

　　本章内容的组织结构如下：6.1 节对铝酸钠溶液组分浓度检测系统进行了概述，6.2 节介绍了铝酸钠溶液组分浓度软测量软件系统的设计与开发，6.3 节进行了工业试验，给出了铝酸钠溶液组分浓度软测量软件系统的运行结果。

6.1　铝酸钠溶液组分浓度检测系统简介

　　成分检测仪器是对待检测物品组成化学成分进行定性或者定量分析的仪器。随着社会工业化、电气化、信息化进程的加快，成分检测仪器在化工、炼油、冶金、半导体材料生产及环境监测等方面都得到了广泛的应用。按分析的对象不同，成分检测仪器可分为气体分析器、液体分析器、湿度计等。成分检测仪器的工作原理互不相同，但其基本结构和环节大致相同。一般都是由取样、传感、信号处理、显示等几部分构成[193]。

　　（1）取样即将待测样品以合理方式引入到仪器中或使其能被仪器探测到。取样的过程应该保持被测样品组分的恒定。

　　（2）传感部分是成分检测仪器的心脏，其主要任务是将被测参数的变化转变为某种电量的变化，使这种变化通过一定的测量电路容易地转变为相应的电压或电流输出。

　　（3）传感器输出的电信号往往比较微弱，一般要配置放大器进行放大后送给二次仪表显示或记录，也可以送给调节器或微处理器进行自动调零或数据处理，这部分功能由信号处理部分实现。

　　（4）显示部分主要是用来显示分析的最终结果。

　　按照成分检测仪器的基本结构，整个铝酸钠溶液组分浓度检测系统的硬件可分为取样分析系统、仪表控制系统、工控机及外围设备三大部分。检测装置的总体示意图如图 6.2 所示。其中取样分析系统包括加热器、冷却机组、清洗水装置；仪表控制系统包括检测温度和电导率的仪表，操纵加热器、冷却机组、电磁阀等开通和关断功能的可编程控制器（programmable logic controller，PLC）装置；工控机及外围设备包括组分浓度计算机和打印机等，用来实现工艺参数的监控、软测量模型计算以及报表打印等功能。

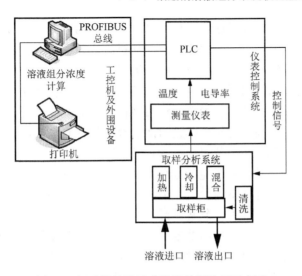

图 6.2 铝酸钠溶液组分浓度检测装置示意图

6.1.1 取样分析系统

取样分析系统结构如图 6.3 所示，作用是获取铝酸钠样液，并在线测量取样

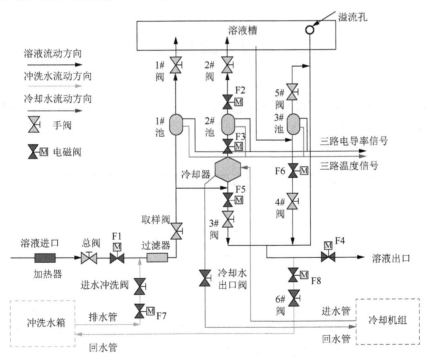

图 6.3 取样分析系统结构示意图

液的温度和电导率值。其组成及工作原理如下：柜内由管路、取样池、溶液槽、冷却器、加热器、电磁阀、手阀等组成，其材质皆为不锈钢，另外 3 个取样池上各安装一台电导率仪表探头。溶液进口管道将铝酸钠溶液的样液经总阀引入取样分析系统中，通过总阀门开度的大小来调整适合取样分析系统工作的最佳流速，保证系统工作在最佳条件下。为了测量溶液在不同温度段的电导率变化，装置中设计了加热、冷却及混合功能。即进口溶液经过加热器加热后，一部分通过加热管路进入 1#池，一部分经冷却机组冷却，经由冷却管路进入 2#池，两组溶液经混合槽混合后，流入 3#池，三组电导率仪探头分别安装在三个池内，检测加热、冷却、混合溶液温度和电导率测量值。最后，溶液经过三路管道之后，通过出口送回现场溶液管路，从而形成一个循环系统。

为保证系统进口溶液温度不受冬夏季节的影响，此系统在溶液进口就对其进行加热。这里采用油箱中的油温对溶液进行加热，在进料流量稳定的情况下，调节温控器将油温控制在 160～170℃时基本能保证铝酸钠溶液的加热温度范围在 85～95℃。油温控制回路结构图如图 6.4 所示。

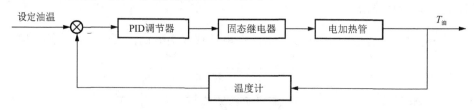

图 6.4　加热温度控制回路结构图

冷却管路是采用冷却机组的制冷液对溶液进行冷却的设备，调节温控器将冷却液控制在-18～-15℃时基本可以保证冷却溶液温度在 65～75℃。冷却液温度控制回路结构图如图 6.5 所示。

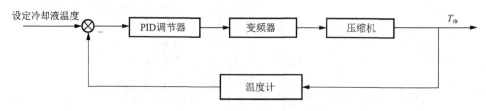

图 6.5　冷却温度控制回路结构图

混合温度的控制通过设定 1#阀和 2#阀的开度来调节，一般设定加热溶液和制冷溶液的流量比为 1：1，保证混合溶液的温度为加热溶液温度和制冷溶液的中间值，即 75～85℃，并且设定好后，一般不动。

由于现场输送过来的铝酸钠溶液中含有大量固体悬浮杂质，进入取样分析系统将影响系统的性能。为保证取样柜的正常运行，在铝酸钠溶液进入取样柜之前，需进行过滤操作。否则，这些固体杂质会附着在装置上，累积过多，将会造成管路堵塞，使装置损坏。过滤器也需要隔一段时间进行清理，防止堵塞。除此之外，铝酸钠溶液本身在管道中容易沉淀结疤，一方面会造成管道堵塞，另一方面结疤附着在电导探头上会降低其敏感性，导致测得的电导率值不准确，从而使得浓度计算不准确。因而，取样分析系统必须定时清洗。清洗碱水来自冲洗水箱，该水箱上安装循环泵完成清洗水循环，而清洗过程可在设备间通过手动操作触摸屏或在监控室按"清洗"按钮完成。

取样分析系统工作原理如下。

（1）在线检测。电磁阀 F_1、F_2、F_3 和 F_4 打开，其余电磁阀关闭，启动压力泵（外部安装），溶液进入采样装置进行加热、冷却及混合处理并进行温度及电导率检测。

（2）停止在线检测。首先关闭加热器，才可以停止在线检测。在关闭加热器大约 30 分钟后，关闭电磁阀 F_1 和压力泵，电磁阀 F_2、F_3 和 F_4 仍然打开，并同时打开电磁阀 F_5 和 F_6，将残留在取样池和混合槽中的铝酸钠溶液，通过溶液出口放出，回到现场溶液管路。大约 5min 后，电磁阀 F_4、F_5 和 F_6 自动关闭，这样就完全结束在线检测，进入停止在线检测状态。

（3）管道冲洗。水通过冲洗水进口进入采样装置，此时循环泵启动，电磁阀 F_2、F_3、F_7 和 F_8 打开，冲洗水从电磁阀 F_7 进入，对装置的管路及 3 个取样池和混合槽进行冲洗，然后经电磁阀 F_8 流出采样装置，返回循环槽。

（4）冲洗停止。循环泵和电磁阀 F_7 关闭，电磁阀 F_8 仍然打开，并打开电磁阀 F_5 和 F_6，将采样装置中残留的清洗水通过冲洗水出口放出，流回循环水槽。大约 5min 后，电磁阀 F_5、F_6 和 F_8 自动关闭，结束管道冲洗过程。或者在冲洗 30min 后，系统自动停止管道冲洗，停止过程与手动停止过程相同。然后，再次进入在线检测工作状态。

6.1.2　仪表控制系统

仪表控制系统的主要作用是对取样液的电导率及温度值进行在线采集及数字显示，并对取样柜内的电磁阀进行逻辑控制，相应完成在取样、冲洗等工作过程的开通与关断。其组成及工作原理为：柜内装有 PLC 系统/操作触摸屏、电导率/温度显示仪表、不间断电源等。工作时，由 PLC 对取样液的电导率值及温度进行采集，并由 PLC 送给工控机进行数据分析，通过显示器或触摸屏均可以观察检测数据和电磁阀等开关状态，也可以对 PLC 下达指令，对柜内的电磁阀进行开关逻辑控制。

仪表系统主要包括测量温度和电导率的电导率仪及 PLC 控制器。这里选用的是美国 Rosemount 公司的 1055BT 型电导率仪，配套使用具有抗腐蚀、耐高温等性能 228 型电导率测量探头，温度测量范围为 0～200℃，电导测量范围为 0～2000mS/cm。PLC 选择的是西门子公司生产的 SIMATICS7-200 系列可编程控制器，它具有结构小巧、运行速度高、价格低廉、指令集丰富、功能强大、编程软件易用等特点。PLC 与工控机之间的通信采用 PROFIBUS 协议，实现 PLC 与工控机的数据交换，如图 6.6 所示。

图 6.6　PLC 和工控机连接图

6.1.3　工控机及外围设备

工控机采用 Windows 2000 操作平台，安装 Step7-MicroMin 编程软件，完成对仪表系统的控制及数据采集。同时工控机安装西门子窗口控制中心（windows control center，WinCC）监控软件，依据已建立好的铝酸钠溶液组分浓度软测量模型，求出苛性碱、氧化铝和碳酸碱浓度，并完成数据显示、趋势显示、报表打印等功能。

6.2　铝酸钠溶液组分浓度软测量软件系统设计与开发

铝酸钠溶液组分浓度软测量软件系统由控制软件系统、监控软件系统和模型计算软件系统三部分组成，如图 6.7 所示。

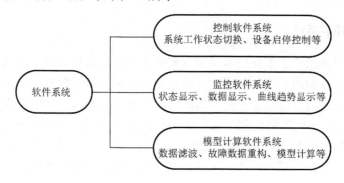

图 6.7　铝酸钠溶液组分浓度软测量软件平台

6.2.1 控制软件系统

PLC 控制软件采用德国西门子公司的 STEP7-Micro/Win32 编程软件。此编程软件是基于 Windows 的应用软件，由西门子公司专为 S7-200 系列可编程控制器设计开发，它功能强大，主要为用户开发控制程序使用，同时也可实时监控用户程序的执行状态。它是西门子 S7-200 用户不可缺少的开发工具。它的主要功能包括建立项目、创建程序、硬件组态及参数设置、编辑调试程序、下载程序到可编程控制器。在一个典型的自动化工程中，设计者必须通过这一软件来完成硬件的组态连接、定义变量符号、编程下载、定义网络地址等。该软件支持语句表、梯形图、功能块图等编程语言，并且一些程序还可以转换成其他语言。该软件可以用于 PLC 的编程，在线调试。Step7 编程软件提倡的是结构化的用户程序，这样做具有如下几点好处[194]。

（1）大规模程序更容易理解。

（2）可以对单个的程序部分进行标准化。

（3）程序组织简化，程序修改容易。

（4）查错和系统调试相对容易等。

铝酸钠溶液组分浓度在线检测系统的控制软件按照模块化的设计思想，将整个控制程序分为设备工作模式选择模块、设备逻辑启停控制模块、设备运转故障诊断模块和阀位反馈故障诊断模块。通过主程序模块对这些模块的顺序调用，实现铝酸钠溶液组分浓度检测装置的检测、停止及清洗功能。控制软件结构和数据流向如图 6.8 所示。铝酸钠溶液组分浓度在线检测系统主要控制程序流程如图 6.9 所示。

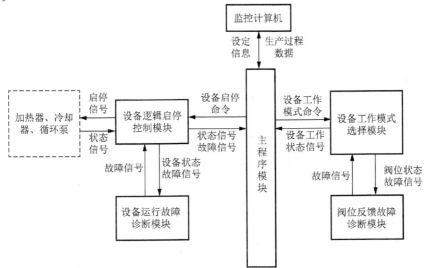

图 6.8　控制软件程序结构图

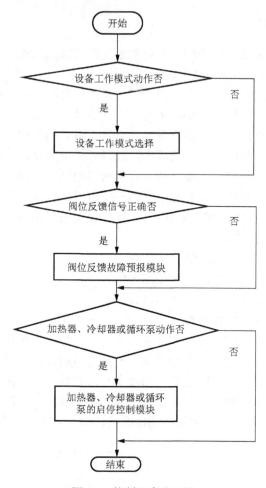

图 6.9 控制程序流程图

运行 STEP7-Micro/Win32 软件，可进入编程界面，这里采用的编程方式是梯形图。如图 6.10 所示，项目包括几个基本组件：导引条、工具条、指令树、程序编辑器、输出窗口等。

（1）导引条为编程提供按钮控制的快速窗口切换功能，它包括程序块、符号表、状态图表、数据块、系统块、交叉索引和通信，单击任何一个按钮则主窗口将切换成此按钮对应的窗口。

（2）工具条提供简便的鼠标操作，将编程最常用的操作以按钮形式设定到工具条，也可自定义工具条。

（3）指令树提供所有快捷操作命令和 PLC 指令。

（4）输出窗口用来显示程序编译的结果信息，如程序的各块（主程序、子程序的数量及子程序号、中断程序的数量及中断程序号）及各块的大小、编译结果有无错误，错误编码的位置等。

（5）程序编辑器可用梯形图编写用户程序，以及对程序进行修改或读写。控制系统软件的功能包括实现铝酸钠溶液的检测、停止以及清洗三种工作状态的控制，主要通过设备启停逻辑控制实现。

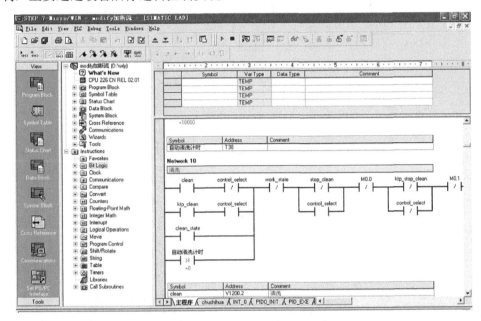

图 6.10　STEP-7-Micro/Win32 编程界面

1. 检测状态

此状态为系统正常工作状态，通过电导率及温度值的测量，得出铝酸钠的主要组分——苛性碱、氧化铝以及碳酸碱的浓度值。根据测量要求，此工作状态下，各设备的启动顺序如下：

（1）检测通路的所有电磁阀打开，其余通路电磁阀关闭。

（2）加热器打开。

（3）冷却器打开。

由于铝酸钠溶液为强碱、高腐蚀性溶液，因此为防止溶液外泄发生危险，电磁阀开启或关闭时，要反馈给监控机一个阀门状态信号，确认阀门是否按照工作状态的要求而关闭或开启，以免引起溶液堵塞，并且防止加热器开启后，发生高温泄漏危险，造成不必要的生产事故。采集阀门的状态信号对阀门的开关状态进行故障诊断，若发现任意一个电磁阀出现故障，则在上位机组态画面上显示故障文本信号和报警闪烁画面，并显示故障电磁阀的位置，以帮助操作人员识别和排除故障。电磁阀控制系统示意图如图 6.11 所示。

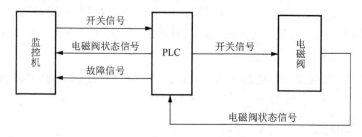

图 6.11　电磁阀控制系统示意图

2. 停止状态

当系统由于某些特殊原因或需要清洗时，都要暂时停止检测状态，以下设备均要停止：

（1）加热器。

（2）冷却器。

（3）电磁阀。

3. 清洗状态

系统运行一段时间后，为防止管道结疤减少仪器使用寿命，则需要定期对其进行清洗，清洗之前需要先停止检测，即加热器、冷却器等均已停止。清洗状态需要打开的设备如下：

（1）循环泵。

（2）清洗通路的电磁阀。

（3）进水阀及回水阀。

6.2.2　监控软件系统

监控组态软件是伴随着开放式体系结构的工业控制计算机系统而产生的。它是一些数据采集与过程控制的专用软件，是自动控制系统监控层一级的软件平台和开发环境。它以灵活多样的组态方式（而不是编程方式）提供良好的用户开发界面和简捷的使用方法，其预设置的各种软件模块可以非常容易地实现和完成监控层的各项功能，并能同时支持各种硬件厂家的计算机和 I/O 设备，与高性能的工控计算机和网络系统结合，向控制层和管理层提供软、硬件的全部接口，进行系统集成。组态软件从根本上解决了长期以来困扰着控制工程师的编制工业控制软件的难题，缩短了应用系统的开发周期，软件水平得以极大提高，越来越受到工程师的认可和欢迎。

铝酸钠溶液组分浓度监控软件采用 WinCC 组态软件。WinCC 是西门子公司为实现 PLC 与工控机之间的通信及工控机监控画面的制作而开发的组态软件。WinCC 组态软件功能强大，具有标准的用于过程控制的（object linking and embedding（OLE）for process control，OPC）接口，提供用户可以自由设计的脚本功能，并且能对过程数据进行归档和进一步处理，能很好地满足监控系统工控机的组态要求。WinCC 是具有简便高效的组态工具，它提供的用户界面也比较直观，具有实时数据动态显示、实时和历史温度及浓度趋势曲线、报警、报表、数据查询等功能[195]，并可以对现场设备进行远程操作，如加热、冷却、检测、停止及清洗等。监控软件系统结构如图 6.12 所示。

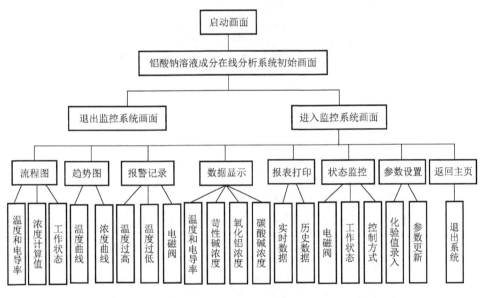

图 6.12　铝酸钠溶液组分浓度监控软件系统结构图

部分监控画面如图 6.13～图 6.18 所示，其中流程图画面（图 6.13）为监控系统的核心画面，是操作员主要的操作监控画面，实时显示加热、冷却及混合的温度和电导率值以及计算出的苛性碱、氧化铝及碳酸碱浓度值。在主控画面中可以控制系统的工作模式，控制其进行在线检测，检测停止以及清洗的启动和停止（图 6.14）。点击流程图中的加热器，则可出现如图 6.15 所示的加热器工作状态画面，同时还可以启动和停止加热器。图 6.16 为数据显示及报表打印画面，可以实时显示温度和电导率值，并可进行打印操作。图 6.17 显示系统当前的工作状态、控制方式（上位机控制或触摸屏控制）以及各电磁阀的状态，其中电磁阀为绿色时，表示打开；当电磁阀为红色时，表示关闭；当电磁阀为黄色时，表示电磁阀故障。

图 6.18 为参数设置画面，此画面只有管理员有权限进入，可以实现化验值的录入和模型参数的更新。

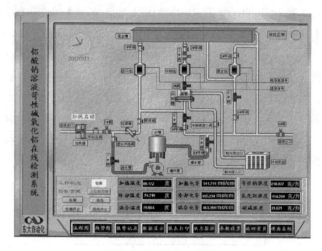

图 6.13　流程图画面

图 6.14　系统工作状态

图 6.15　加热器工作状态

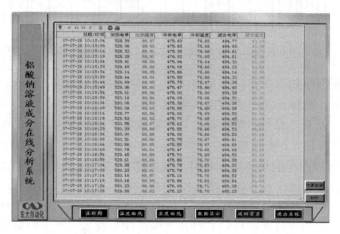

图 6.16　数据显示及报表打印画面

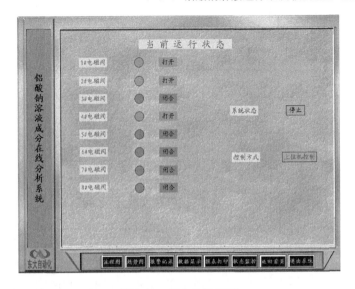

图 6.17　状态监控画面

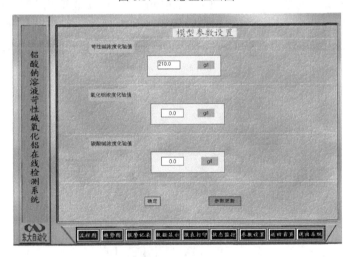

图 6.18　参数设置画面

当在计算机监控系统中选择"触摸屏控制"，用户便可通过触摸屏对在线分析系统进行监控。如果计算机监控系统选择的是"上位机控制"，用户只能通过触摸屏观察在线分析系统的工作状态和相关数据。

触摸屏启动后，初始画面如图 6.19 所示。触摸屏上有 F1～F6 六个软键，通过按 F1～F5 键可切换到相应的画面，具体对应关系如下：F1——主控画面；F2——状态监控画面；F3——制冷控制画面；F4——数据监控画面；F5——报警记录画面。

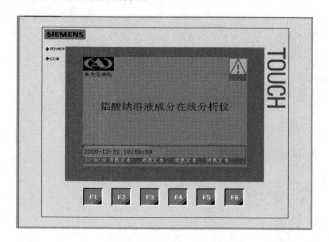

图 6.19　触摸屏启动画面

　　按 F1 键，切换至主控画面。如图 6.20 所示，在主控画面中，通过点击对应的按钮，对在线检测系统下达"开始在线检测""停止在线检测""开始清洗""停止清洗"命令。点击"启动加热"和"停止加热"按钮，可控制加热器的启停。在主控画面中，还可显示在线检测系统当前的工作状态：在线检测、清洗或停止。

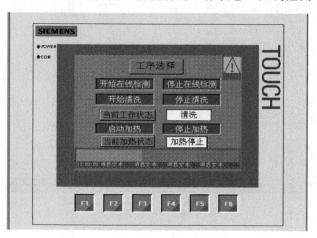

图 6.20　触摸屏主控画面

6.2.3　模型计算软件系统

　　模型计算软件系统是铝酸钠溶液组分浓度软测量软件系统的核心部分，主要包括数据预处理、故障数据检测和重构、软测量模型计算即苛性碱浓度计算、氧化铝浓度计算以及碳酸碱浓度计算等，程序流程如图 6.21 所示。

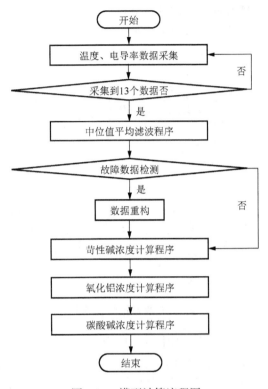

图 6.21 模型计算流程图

1. 数据预处理

为克服溶液中夹杂的小气泡和固体小颗粒对温度及电导率测量精度的影响，采用中位值平均滤波方法对数据样本进行预处理，计算公式如下：

$$\overline{T} = \frac{\sum_{i=1}^{n} T_i - T_{max} - T_{min}}{n-2}, \quad \overline{d} = \frac{\sum_{i=1}^{n} d_i - d_{max} - d_{min}}{n-2} \tag{6.1}$$

式中，T_{max} 和 T_{min} 分别是一次采样间隔中的最高和最低温度值；d_{max} 和 d_{min} 分别是最大和最小电导率值；数据采集时间为 5 秒一个，n 为采集一组滤波数据的个数，这里取 13 个。

2. 故障数据辨识和重构

为了防止由于传感器故障引起测量数据失真而导致模型计算不准确，还需要对滤波处理后的数据进行故障数据辨识。若检测出数据有故障，则需要采用重构算法将其进行修正，之后代入模型中计算得到苛性碱、氧化铝及碳酸碱的浓度值。

传感器故障会导致测量数据出现偏差、漂移、精度下降甚至完全失效，如图 6.22 所示，其中空心点表示的数据点为真实值，而实心点表示的数据点为故障数据。

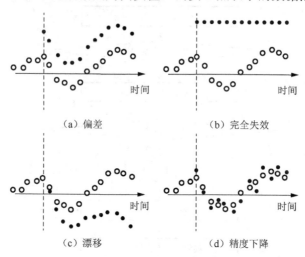

(a) 偏差　　　　　　　　　　　(b) 完全失效

(c) 漂移　　　　　　　　　　　(d) 精度下降

图 6.22　过程数据的故障类型

　　针对电导率传感器在应用过程中可能出现故障，引起数据出现上述情况，故应用重构技术对故障数据进行处理。PCA 作为一种多变量统计分析方法，可以用于对传感器故障数据进行辨识与重构[196,197]。它利用多元信号分析方法将过程信号空间划分为过程特征信号主元空间及残差空间。特征信号主元空间刻画了整个过程正常运行的状态及其规律，而其残差空间只涉及过程极少的信息或一些并不重要的次要特征。由于故障与过程特征信号之间存在着内在关系，当故障发生时，将会导致过程特征信号在幅值和结构上的变化，进而在预先设定好的监控模型中显示出与过程正常运行状况不同的性状，由此对传感器进行监控、故障辨识和重构。

　　设 X 为 $m \times n$ 维数据矩阵，PCA 建模的过程即将 X 向潜隐模型空间和残差空间投影的过程，则原矩阵可分解成主元空间和残差空间两部分[198,199]：

$$X = TP^{\mathrm{T}} + E \tag{6.2}$$

X 在主元空间上的投影：

$$\hat{X} = PP^{\mathrm{T}} X = CX \tag{6.3}$$

在残差空间上的投影：

$$\tilde{X} = (I - PP^{\mathrm{T}})X \tag{6.4}$$

式中，T 为特征向量；P 为负荷向量；E 为残差；$C = PP^{\mathrm{T}}$。主元空间与残差空间正交，则 $\tilde{X}^{\mathrm{T}} \hat{X} = 0$。其中主元子空间主要反映正常数据变化的测度，残差子空间主要是非正常数据噪声变化的情况。

Qin 等[200]总结出迭代、缺失值和优化三种故障传感器重构方法，并证明三种方法是等价的。这里选用迭代方法，即首先假设第 i 个传感器故障，为了减小故障传感器的影响，采用第 i 个变量的预测值 $\hat{x}_i$ 代替 x_i 迭代至逼近一个值 z_i。每一次迭代通过 PCA 模型投影到主元空间，迭代过程如下：

$$z_i^{\text{new}} = [x_{-i}^{\text{T}} \quad z_i^{\text{old}} \quad x_{+i}^{\text{T}}]c_i = c_{ii}z_i^{\text{old}} + [c_{-i}^{\text{T}} \quad 0 \quad c_{+i}^{\text{T}}]x \tag{6.5}$$

式中，$C = PP^{\text{T}} = [c_1 \quad c_2 \cdots c_m]$，$c_i^{\text{T}} = [c_{1i} \quad c_{2i} \cdots c_{mi}] = [c_{-i}^{\text{T}} \quad c_{ii} \quad c_{+i}^{\text{T}}]$，下标$-i$ 和$+i$ 表示前 $i-1$ 个和后 $m-i$ 个元素组成的向量。Dunia 等证明迭代过程总是收敛[201]，并且收敛值 z_i 可以不通过迭代直接用公式计算出来，初始条件 $c_{ii} < 1$ 下，有

$$z_i = \frac{[c_{-i}^{\text{T}} \quad 0 \quad c_{+i}^{\text{T}}]x}{1 - c_{ii}} \tag{6.6}$$

并且当 $c_{ii} = 1$ 时，$z_i = x_i$。在后一种情况下，

$$c_i = \varepsilon_i = [0 \quad 0 \quad \cdots \quad 1 \cdots \quad 0 \quad 0] \tag{6.7}$$

当传感器系统发生故障时，根据新的实测数据样本与统计模型预测值的背离程度来检测故障，即监测传感器测量值与正常预测值之间的平方预期误差（squared prediction error，SPE）来判断系统是否出现了故障。Dunia 等[201]提出传感器故障隔离的线性变量重构方法，该方法的思想是：假设任何一个传感器都是可能的故障源（同一时刻是单个故障），用基于 PCA 的信号预测模型重构假定有故障的传感器信号，其他传感器信号仍保留为原输入变量，通过检查重构前后的 SPE 值来确定故障传感器[200]。故障重构是在采样故障数据 X 的基础上，沿第 i 个故障方向向量 ε_i 矫正故障值，从而得到正常值的过程。

$$x = x^* + f\varepsilon_i \tag{6.8}$$

式中，x^* 表示正常数据；x 表示采样故障数据；f 表示故障的幅度；ε_i 表示故障发生的方向向量。数据重构的目的是沿故障的方向用故障数据构造正常数据，即

$$x_i = x - f\varepsilon_i \tag{6.9}$$

正常无故障情况下，误差较小，因此 SPE 值很小，但如果某传感器发生故障，其实时测量值将与该时刻正常值有很大偏差，显然其 SPE 会明显增大。为了找到真正发生故障的传感器，从所有可能的故障方向入手。如果找到真正的故障传感器，则 SPE 会发生大幅度的下降，所有的重构方法都是试图减小 SPE。

为了阐述这个方法，定义重构采样数据如下：

$$x_j^{\text{T}} = [x_{-j}^{\text{T}} \quad z_j \quad x_{+j}^{\text{T}}] = x^{\text{T}} + (z_j - x_j)\varepsilon_j^{\text{T}} \tag{6.10}$$

重构向量投影到模型和残差空间，类似的 SPE 计算如下：

$$\text{SPE}(x_j) = \|\tilde{x}_j\|^2 = x_j^{\text{T}}(I - C)x_j \tag{6.11}$$

对 z_j 求导最小化上述方程，有

$$x_j^{\mathrm{T}}(I-C)\varepsilon_j = 0 \qquad (6.12)$$

代入 x_j^{T}，则重构值为

$$z_j = x_j - \frac{x_j^{\mathrm{T}}(I-C)\varepsilon_j}{\varepsilon_j^{\mathrm{T}}(I-C)\varepsilon_j} \qquad (6.13)$$

而式（6.13）是式（6.6）的另外一种表达。如果第 i 个传感器故障，且 $i \neq j$，$\mathrm{SPE}(x_j)$ 将不会特别减少。然而，如果选择了正确的传感器，$\mathrm{SPE}(x_j)$ 将会按照期望的大幅度减少。进一步说，当发生故障的时候 SPE 将会显著增大。因此，$\mathrm{SPE}(x_j)$ 与 SPE 的比值对于故障非常敏感，定义为传感器有效度指标：

$$\eta_j = \frac{\mathrm{SPE}(x_j)}{\mathrm{SPE}(x)} \qquad (6.14)$$

式中，$0 \leqslant \eta_j \leqslant 1$。因为 $\mathrm{SPE}(x_j)$ 是最小化 SPE，有效度指标接近 1，说明此传感器无故障；有效度指标接近 0，说明此传感器有故障。

3. 软测量模型计算

数据经过滤波和故障辨识之后，用来进行模型计算。模型计算软件的开发环境是 WinCC 的 C 脚本系统，编程环境如图 6.23 所示。通过编写全局动作调用项目函数和设定动作触发器来实现模型计算功能。模型计算软件设计结构如图 6.24 所示。

图 6.23　WinCC 的 C 脚本系统编程环境

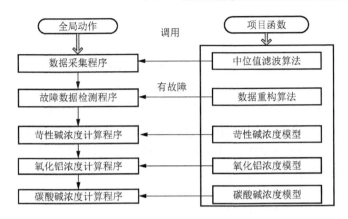

图 6.24　模型计算软件设计结构图

6.3　工业试验

将开发的铝酸钠溶液组分浓度软测量软件系统应用于中国铝业河南分公司原矿浆制备工序进行试验研究。

6.3.1　试验对象描述

从 1956 年成立的河南铝业公司到 1958 年开工建设的郑州铝业公司，从 1964 年初具规模的五〇三厂到 1972 年发展壮大的郑州铝厂，从 1992 年合并组建的中国长城铝业公司到 2002 年重组改制的中国铝业河南分公司，六十多年来，一代代铝业建设者为中国铝工业的发展做出了不可磨灭的贡献。中国铝业河南分公司累计生产氧化铝 3170 多万吨、电解铝 122 多万吨、碳阳极 258 多万吨、水泥 1333 多万吨，累计实现销售收入 800 多亿元，利润 140 多亿元，上缴税费 110 多亿元。目前中国铝业河南分公司已经形成了年供矿 1200 万吨、年产氧化铝 230 万吨、电解铝 5.8 万吨、碳素 22 万吨、水泥 70 万吨、自发电 13 亿千瓦时的生产规模，资产总值、销售收入和年利税分别突破 150 亿元、130 亿元和 30 亿元，位居国家统计局公布的中国制造业 500 强铝工业企业首位，经济效益和纳税总额名列全国有色金属冶炼及压延加工企业前茅。

中国铝业河南分公司包含拜耳法生产氧化铝的工艺过程，目前铝酸钠溶液组分浓度仍然靠人工定时取样，化验室滴定分析的方法，对及时指导生产非常不利。因此，实现铝酸钠溶液组分浓度的在线检测十分必要。

1. 系统软硬件描述

将研制的铝酸钠溶液组分浓度检测装置应用于中国铝业河南分公司原矿浆制备工序，其中仪表选用的是美国 Rosemount 公司的 1055BT 型电导率仪，配套使用具有抗腐蚀、耐高温等性能 228 型电导率测量探头，温度测量范围为 0～200℃，电导测量范围为 0～2000mS/cm；PLC 选用 Simatic S7-200 系列可编程控制器，PLC 和工控机之间采用 PROFIBUS 总线实现数据通信；监控软件采用西门子 WinCC 组态软件。硬件各部分的连接如图 6.25 所示。

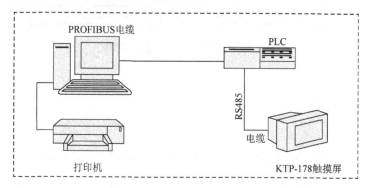

图 6.25　检测装置硬件连接图

工控机的硬件配置如下：CPU 3.0G，内存 1G，硬盘 80G，19 寸液晶显示器，CP5611 通信卡，DVD 刻录机。其主要功能是使工控机与 PLC 连接，在用户和系统所有功能之间提供一个界面，接收 PLC 上传的数据并分析出溶液的组分苛性碱浓度、氧化铝浓度和碳酸碱浓度。同时对系统进行控制和监控。

PLC 的硬件配置为：CPU226、EM277、EM231（2 个）、EM232。它的主要功能是采集温度、电导率，以及阀位反馈信号和液位反馈信号，并提供给工控机，对在线分析系统进行逻辑控制和温度控制。

KTP-178 触摸屏的主要功能是使触摸屏与 PLC 相连，通过触摸屏，可对在线分析系统下达命令，实时显示在线分析系统的各个数据。提供报警功能。

打印机的主要功能是用于统计、分析数据的报表打印。

2. 试验数据采集

工业过程数据中含有丰富的尚待挖掘的过程信息，因此在数据采集的过程中应该收集尽可能多的过程变量数据。一方面充足的变量数据可供软测量建模时分析变量之间的关系，从而更好地保证辅助变量的可靠性；另一方面丰富的过程数据可以覆盖大量的操作工况变化，从而保证软测量模型的推广性能。为了实现氧化铝生产过程铝酸钠溶液组分浓度的实时在线检测，采用中国铝业河南分公司原矿浆制备工艺过程的数据用来建立软测量模型。

设置检测装置的数据采样周期为5s，经过中位值滤波处理后，约65s储存一组数据，试验期间人工采样时间间隔为20min（工业现场实际化验间隔是2h），然后记录对应时刻的温度和电导率数据。为了保证数据质量，要求加热温度变化范围为85~95℃，混合温度变化范围为75~85℃，冷却温度变化范围为65~75℃。最终从现场共采集540组数据，其中390组用于建模，150组用于验证。采用第3章的离群点识别算法后，去除离群点，最终采用375组数据用来建模。

6.3.2 试验设计与结果分析

将上述铝酸钠溶液组分浓度检测装置应用于现场，现场装置的软硬件图片如图6.26和图6.27所示。

现场温度控制曲线如图6.28所示，由温度曲线可以看出，三种温度基本均匀隔开相差5℃，控制效果较好。

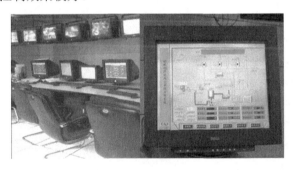

图6.26 软件系统现场运行

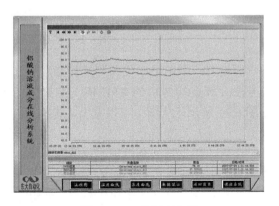

图6.27 硬件装置现场安装　　　　图6.28 三种温度曲线

1. 电导率仪故障辨识与数据重构试验

为了验证上述传感器故障辨识和重构算法的有效性，模拟电导率仪在应用过程中出现故障或数据漂移等情况，应用 PCA 重构技术对故障数据进行辨识与重构。

现场装置共有 3 个传感器，分别测量加热温度和电导率、冷却温度和电导率，以及混合温度和电导率。建模和测试数据仍然与第 4、5 章相同，由于工业现场中电导率仪探头结疤时会失灵，出现电导率值测不出或测不准的情况，因此模拟传感器会出现的这种故障，将 150 组测试数据中的第 45 组到 95 组数据的冷却电导率设为故障，从而验证上述方法的应用效果。

按照上述方法步骤，首先计算测试数据的 SPE，结果如图 6.29 所示。从图中可以看出，从第 45 组数据到第 95 组，SPE 值明显增大，是出现故障的表现。验证了 PCA 故障传感器辨识方法在电导率仪出现故障时是有效的。

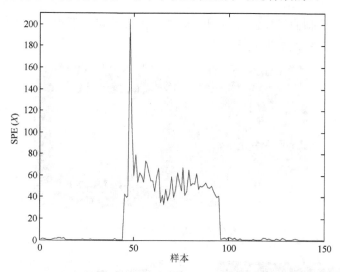

图 6.29　测试数据的 SPE 曲线

假设第一个电导率仪即测量加热温度和电导率的传感器出现故障，用迭代重构方法计算重构之后的 SPE 值，结果如图 6.30 所示。传感器有效度指标曲线如图 6.31 所示。从图中可以看出，重构第一个传感器之后，SPE 值并没有大幅度减小，而且有效度指标值接近 1，说明第一个传感器并未发生故障。

然后，假设第二个电导率仪即测量冷却温度和电导率的传感器出现故障，用迭代重构方法计算重构之后的 SPE 值，结果如图 6.32 所示。传感器有效度指标曲线如图 6.33 所示。从图中可以看出，重构第二个传感器之后，SPE 值大幅度减小，而且有效度指标值接近 0，确认第二个传感器发生故障。

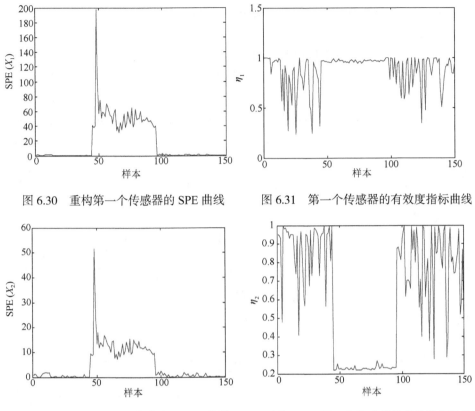

图 6.30　重构第一个传感器的 SPE 曲线　　图 6.31　第一个传感器的有效度指标曲线

图 6.32　重构第二个传感器的 SPE 曲线　　图 6.33　第二个传感器的有效度指标曲线

　　为了进一步验证结论，再假设第三个电导率仪即测量混合温度和电导率的传感器出现故障，用迭代重构方法计算重构之后的 SPE 值，结果如图 6.34 所示。传感器有效度指标曲线如图 6.35 所示。从图中可以看出，重构第三个传感器之后，

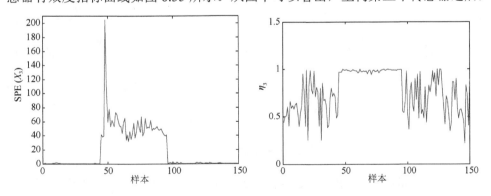

图 6.34　重构第三个传感器的 SPE 曲线　　图 6.35　第三个传感器的有效度指标曲线

SPE 值也并没有大幅度减小，而且有效度指标值接近 1，确认第三个传感器并没有发生故障。

综上，验证了 PCA 故障传感器辨识方法在铝酸钠溶液组分浓度检测装置中的应用是可行有效的，能够识别出发生故障的电导率仪。下面进一步说明重构方法的可用性和实用性。

将故障数据的重构值代入模型计算，得到的测试结果如图 6.36 和图 6.37 所示。

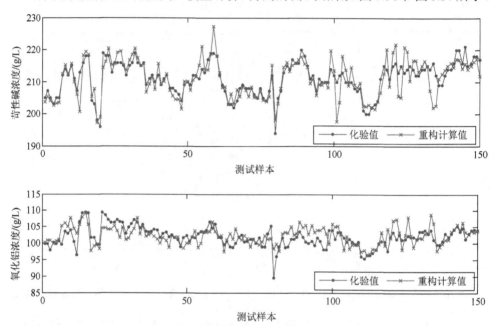

图 6.36　故障数据重构后苛性碱和氧化铝浓度模型测试结果

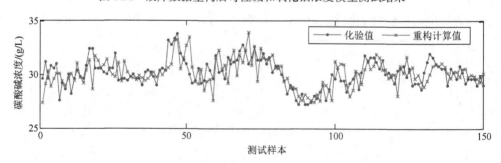

图 6.37　故障数据重构后碳酸碱浓度模型测试结果

将其与无故障时的测试结果进行比较，误差如表 6.1 所示。虽然没有无故障时精度高，但是曲线趋势正确，也能够满足现场工艺测量要求。

表6.1 重构误差比较

RMSE	无故障	故障重构
RMSEc_K	2.44	3.46
RMSEc_A	2.64	2.74
RMSEc_C	1.02	1.17

2. 机理与数据驱动相结合的组分浓度软测量应用试验

将第 5 章提出的精度较高的机理与数据驱动相结合的软测量方法应用于中国铝业河南分公司原矿浆制备工序进行试验研究,组分浓度模型计算结果如图6.38 所示。

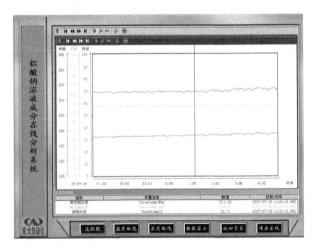

图 6.38 组分浓度显示画面

软测量模型计算值与 165 组化验数据(大约一个月,每天化验 5~6 个)进行统计和比较,部分软测量模型计算结果与化验值比较如表 6.2 所示。

表6.2 部分计算值与化验值的比较

编号	c_K 计算值	c_K 化验值	c_K 误差	c_A 计算值	c_A 化验值	c_A 误差	c_C 计算值	c_C 化验值	c_C 误差
1	223.34	221.00	2.34	116.87	116.11	0.76	31.94	34.0	-2.06
2	217.89	218.00	-0.11	112.92	112.17	0.75	30.23	32.0	-1.77
3	221.23	220.00	1.23	112.17	115.02	-2.85	31.03	30.0	1.03
4	205.25	206	-0.75	102.36	103.61	-1.25	30.53	30.2	0.33
5	207.23	204	3.23	101.66	101.64	0.02	29.36	29.4	-0.04
⋮	⋮	⋮	⋮	⋮	⋮	⋮	⋮	⋮	⋮
164	213.05	212.00	1.05	102.95	103.05	-1.00	30.85	29.6	1.25
165	214.76	214.00	0.76	105.59	103.67	1.92	30.76	29.0	1.76

经统计可知，三种组分浓度的均方根误差如下：RMSE c_K =2.52，RMSE c_A =2.76，RMSE c_C =1.79，精度较高。现场对苛性碱浓度测量精度的要求是在±5g/L 之内，模型计算结果完全满足生产工艺要求，对生产操作具有现实的指导意义。

6.4　本章小结

本章根据铝酸钠溶液组分浓度检测系统的功能，设计和开发了相应的软测量软件系统。将第 5 章提出的机理和数据驱动相结合的软测量方法应用于氧化铝工业现场进行试验，实现了铝酸钠溶液组分浓度的实时在线检测。试验研究结果表明，此软件使用方便、易于操作，能够实现为软测量模型提供输入数据以及实时显示模型输出的功能，整个软件系统为铝酸钠溶液组分浓度软测量方法的实现奠定了基础。软测量计算结果表明，基于机理和数据驱动的混合建模方法精度较高，满足生产工艺要求，具有很高的推广应用价值。

7

集约化水产养殖水环境
关键参数软测量

近年来，水资源短缺、环境污染、养殖成本上升、水产品抗生素残留严重超标等问题严重制约了水产养殖业的发展。部分地区由于对地下水资源的无节制开发导致水资源枯竭，进而导致整个养殖产业面临无法可持续发展的困难局面。要提高水产品的产量、质量，降低养殖成本，就必须走集约化、封闭式循环水工厂化养殖的道路。自动控制技术是集约化水产养殖的重要组成部分，通过对养殖过程中的水质、饵料、污物等全自动或半自动管理，对养殖对象的种质、营养、生长、防病等实行全面监控，可以优化和控制养殖水体环境的一些重要参数，最大限度的发挥集约化水产养殖的效能，达到精准控制养殖生产过程的目的。然而，实现水产养殖自动控制技术的难点在于水产养殖水环境关键参数的实时检测。由于水产养殖过程缓慢，且影响水产养殖过程的因素较多，有些参数之间相互作用又相互影响，具有不确定性，是复杂的多变量非线性问题，利用传统方法很难建立其计算模型，导致关键参数无法在线测量或测量滞后，难以实现实时控制和优化。因此，综合应用、借鉴自动化行业的相关技术，尤其是复杂系统的建模和预测技术[4-7]，实现关键参数的在线检测，推进水产养殖业的现代化，是实现高密度、高产量和高效率渔业生产的必然选择。

随着水产养殖工厂化和精养化程度的提高，及时掌握水质的动态变化，提前预测水质情况是工厂化养殖亟待解决的重要问题。在了解水质指标的动态规律后，通过物理方法、化学方法和生物学方法在生产中加以人工调节控制，就可以创建一个适宜于鱼类生长的良好水质环境，实现科学养鱼。软测量技术是实现养殖水质监测的有效手段，该技术对水产养殖的重要作用已越来越得到中国水产养殖界的重视[202]，该项技术在水产养殖业中的应用，将会极大地促进水产养殖业的健康发展。它不但可以避免传统的离线检测（主要是手工化学测定）中存在的耗时费力、数据不全等弊端，还可以随时了解各数据的变化情况，并对环境参数进行主动控制，为渔业生产人员提供准确、鲜活的试验数据，使人们对水产养殖过程的规律有更进一步的认识，从而优化养殖工艺、降低养殖成本、提高养殖效益，为水产养殖科学的持续发展奠定基础。

7.1　集约化水产养殖水环境参数检测现状

随着人们生活水平的提高，对饮食的要求也不断提升。水产品味道鲜美，营养丰富，已成为大众餐桌上必不可少的佳肴。然而由于过度捕捞，以及水环境破坏等，传统捕捞行业已不能完全满足人们对于水产品日益增长的需求，水产养殖迅速发展。2015 年中国水产养殖产量为 4937.90 万吨，占全年渔业总产量的 73.70%，是目前唯一水产养殖总产量超过捕捞产量的国家[203,204]。水产养殖业在中国发展迅猛，保障水产养殖品质也成为广受热议的话题。

传统水产养殖业中最重要的两种养殖模式，池塘养殖和网箱养殖都存在很大的缺陷，比如占地面积大浪费资源、易受自然灾害和地理气候的影响等。而最为严重的是环境问题和食品安全问题，使其难以满足可持续发展的要求。纵观几十年全球水产养殖业的发展和中国水产养殖的基本情况，事实证明集约化循环水养殖模式是中国现代水产养殖业发展的必由之路。

集约化水产养殖中，水体是水产生物生存和生长首要的环境条件，水质的优劣直接影响到鱼、虾类的生长、发育，是决定养殖效益的关键因素。影响养殖水环境的因素有物理、生物及化学等多个方面，主要包括养殖水体的温度、溶氧、pH、氨氮、亚硝酸盐等。所有的水产养殖动物都不能离开水而生存，都需要吸收溶解于水中的氧气（溶氧）进行呼吸活动。溶氧对养殖水体水质和底质存在影响，决定水质和底质的氧化还原条件。养殖水体中溶氧的浓度一般应在 5～8mg/L，至少应保持在 4mg/L 以上。低溶氧使鱼类呼吸加快，再低则浮头，甚至死亡。溶氧过饱和时一般没有什么危害，但有时会引起鱼类的气泡病，特别是在苗种培育阶段。所以，溶氧是养殖生物最重要的生存依赖因子，调控水体的溶氧量是水产养殖管理中的重要措施，实时检测水中溶氧的浓度对水产养殖过程具有重要意义，是控制增氧的关键，只有获得它的实时检测值，才能进一步确立增氧的控制模型和控制算法。随着水产养殖工厂化和精养化程度的提高，及时掌握水中溶氧浓度的动态变化、提前预测溶氧情况是工厂化养殖亟待解决的重要问题。

此外，在养殖过程中，常因水中的残饵、养殖对象的排泄物、过度投放的化学药物等在水中分解导致养殖水环境中氮、磷、悬浮物、有机质等增加，产生如氨氮、亚硝酸盐等有毒有害物质，使养殖水环境遭到严重破坏，影响养殖对象的健康，甚至使其大批量死亡[205]。氨氮作为水产养殖过程中最为常见的污染物之一，对于养殖水环境的影响以及对养殖对象的伤害巨大。监测养殖水环境中氨氮浓度的变化也是水产养殖过程中一个必不可少的环节。下面将分别介绍溶氧浓度预测方法和氨氮浓度软测量方法。

7.2 水产养殖溶氧浓度预测模型研究

7.2.1 水产养殖溶氧浓度检测研究现状

目前，受交叉学科知识领域限制，水产养殖中溶氧浓度的建模方法比较单一，大多采用数据驱动建模方法。大致可以将其分为两类。一类是采用神经网络和优化技术组合，比如利用多层感知机[206]；选用梯度优化 BP 网络建立工厂化水产养殖水质预测模型[207,208]；类似的还有采用 BP 神经网络建立水产养殖过程氨氮浓度模型[209]，进一步的有应用遗传算法（genetic algorithm，GA）进行参数优化[210]；再进一步，将神经网络部分换为径向基函数（radical basis function，RBF）网络，优化算法采用自适应遗传算法，获得了较好的结果[211]。此外，为淡水养殖池塘溶氧浓度建立神经网络模糊系统模型[212,213]；为加快网络收敛速度，采用快速粒子群优化算法对模糊神经网络进行训练，取得较好效果[214]；还有采用多模型算法提高预测精度[215]。综上，基于神经网络的软测量建模技术在溶氧浓度检测方面具有一定的作用。然而，这类模型不易解释，精度随时间不断下降。另一类溶氧建模方法采用的是 SVM 和优化技术组合。SVM 在解决小样本、高维度、非线性等问题上展现出独特优势，因此被应用于水产养殖溶氧浓度的预测。比如为了满足高密度养殖管理的实际需要，采用最小二乘支持向量回归机建立溶氧浓度与其影响水质因子之间的非线性关系模型，利用蚁群算法优化模型参数，并应用于江苏宜兴市高密度养殖池塘，取得了较好预测效果[216]；利用变尺度混沌量子粒子群优化算法来获取模型中的最佳参数组合[217]；通过分段与相似度计算构建基于时间序列相似性的溶氧浓度在线预测模型，并将其应用于河蟹养殖等[218]，其优点在于可以缩减训练时间并进行快速优化。由此可见，最小二乘支持向量机和优化算法的组合应用可以提高溶氧的预测效果。然而，由于参数组合优化至今尚无完善的研究理论，通常只能凭借凑试和经验去设置，而这类方法中预测模型的性能好坏取决于最小二乘支持向量机参数的选择，在实际应用中仍然存在参数难以选择的问题。

针对上述研究现状，为实现水产养殖过程关键参数即溶氧浓度的预测，更准确地为增氧和饲料投喂等环节提供参数，集约化水产养殖过程亟待解决的关键问题是：借鉴其他领域的建模方案，结合过程机理、专家知识以及数据，对影响水质各因子之间的关系进行分析，提炼出更合理的水产养殖溶氧浓度预测策略，从而获得更高的预测精度。

7.2.2 基于 NNPLS 的养殖水体溶氧浓度预测

针对溶氧浓度神经网络建模存在的问题，通过查阅文献和专家知识，采用文献[209]中的数据，选定溶氧浓度预测的输入变量为温度 t_T、pH、硝酸氮浓度 c_N、亚硝酸氮浓度 c_{NO} 及总氨氮浓度 c_{NH}。为防止输入变量之间存在多重共线性关系影响预测精度，首先采用 PLS 的方法对其进行处理，然后再用神经网络建模，即采用 NNPLS 建模方法。NNPLS 方法继承了神经网络逼近非线性的能力，对于 NNPLS 算法的基本原理，已在 4.1 节介绍过，这里只做简单回顾：先用线性 PLS 方法得到输入输出特征向量 t 和 u，然后用以 Sigmoid 函数作为激励函数的三层神经网络来表述输入输出向量间的非线性关系，每一对特征向量间的关系用一个神经网络来描述，如图 7.1 所示。图中输入变量 $X = [t_T, \mathrm{pH}, c_N, c_{NO}, c_{NH}]$，输出变量 Y 表示溶氧浓度。

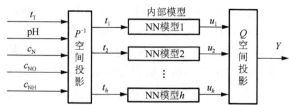

图 7.1 基于 NNPLS 的溶氧浓度预测模型

7.2.3 仿真试验

利用文献[209]中的数据对溶氧浓度进行 NNPLS 建模，一共 20 组数据，12 组用于训练，8 组用于测试。部分试验数据如表 7.1 所示。

表 7.1 部分试验数据

变量	1	2	...	19	20
t_T / ℃	19.4	19.5	...	19.4	19.0
pH	8.01	8.01	...	7.99	8.13
c_N /(mg / L)	0.0021	0.0028	...	0.0182	0.0122
c_{NO} /(mg / L)	0.1002	0.1003	...	0.941	0.401
c_{NH} /(mg / L)	0.0612	0.0711	...	0.2390	0.2336
DO 浓度/(mg/L)	8.0198	8.0192	...	7.6883	8.1008

注：DO 表示溶氧

计算主成分累计方差如表 7.2 所示，故选择两个主元用于建立内部神经网络模型。具体公式如下：

$$\begin{cases} Y = UQ^{\mathrm{T}} \\ u_h = f_h(t_h) \\ t_h = X(P_h^{\mathrm{T}})^{-1} \end{cases} \tag{7.1}$$

式中，$U = [u_1, u_2]$；$Q = [q_1^{\mathrm{T}}, q_2^{\mathrm{T}}]$；$h=1,2$。

表 7.2 PLS 累积方差贡献率   单位：%

主元编号	输入变量 X		输出变量 Y	
	本个主元	总和	本个主元	总和
1	59.96	59.96	98.59	98.59
2	24.60	84.56	0.77	99.36
3	11.41	95.97	0.02	99.38

将训练好的模型用于预测，模型输出计算公式为

$$\hat{Y} = \hat{U}Q^{\mathrm{T}} \tag{7.2}$$

式中，$\hat{U} = [\hat{u}_1, \hat{u}_2]$；$Q = [q_1^{\mathrm{T}}, q_2^{\mathrm{T}}]$。预测结果曲线如图 7.2 所示。通过结果曲线可以看出，NNPLS 方法能够跟踪浓度的变化，在第七个测试样本出现特殊情况时，仍然保持较好的预测效果。

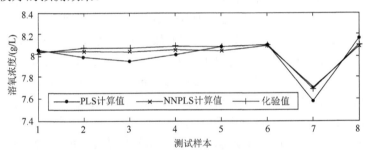

图 7.2 溶液浓度预测模型测试结果

将预测结果与其他方法进行比较，如表 7.3 所示。从结果可以看出，NNPLS 方法集成了 PLS 和 NN 建模的优势，比单独采用 PLS、BP、随机向量泛函连接（random vector functional link，RVFL）网络等方法建模的预测精度都要高，进一步证明了方法的有效性。

表 7.3 不同方法的预测结果

方法	RMSE
PLS	0.0795
BP	0.2884
RVFL	0.2879
NNPLS	0.0211

7.3 水产养殖氨氮浓度软测量方法研究

7.3.1 养殖水体中氨氮的来源及危害

水中的氨氮主要是水中含氮有机物如水生动植物尸体、粪便等在微生物水解的过程中产生的。在水产养殖的过程中，为提高单位面积产量，需要大量投喂饲料。残饵成为养殖水体中氨氮的主要来源之一。氨氮作为养殖对象自身代谢的一种最终产物[219,210]，是水产养殖过程中的一种最为常见的污染排放。

水中的氨氮以两种形式存在：离子态氨（NH_4^+）和非离子态氨（NH_3）。NH_4^+ 易与水发生水解反应：$NH_4^+ + H_2O \rightleftharpoons NH_3 + H_3O^+$，$NH_4^+$ 对养殖对象的影响较小，NH_3 具有较强的脂溶性，能够穿透细胞膜对养殖对象产生较大危害[221]。当水中 NH_3 的含量过高时，会抑制养殖对象血液对氧的运输能力，导致不摄食、呼吸困难、昏迷等，影响养殖对象的生存状态[222,223]；还会影响养殖对象的神经系统，导致过量钙离子流入中枢神经系统，引起神经中毒，最终导致养殖对象大批量的死亡[224,225]。不同养殖对象对水中 NH_3 浓度的承受范围不同。罗静波等[225]研究发现，克氏原螯虾幼虾对水中非离子有较强的耐受力，在 pH7.8，水温 20℃ 条件下，虾苗 48h、96h 非离子态氨半致死浓度分别为 2.93mg/L 和 1.91mg/L；曲克明等[226]研究表明，大菱鲆鱼苗（20～24mm）在水中正常溶氧浓度（5.5～6.0mg/L）情况下，非离子态氨 48h 半致死浓度为 1.82mg/L（95%可信限），96h 半致死浓度为 1.14mg/L（95%可信限）；武玉强等研究发现，文昌鱼幼鱼对水中非离子态氨的耐受较低，在 25℃水温下，文昌鱼幼鱼 [（24.46±0.12）mm] 非离子态氨的 48h、96h 半致死浓度分别为 0.457mg/L 和 0.318mg/L[222]。

水中非离子态氨与水中氨氮浓度存在一定的解离平衡的换算关系，可以根据水中氨氮浓度、水体 pH、水中溶氧浓度、水体盐度值以及水体温度等因子计算得出水中非离子态氨在相对条件下的浓度[227,228]。

$$c(NH_3) = 14 \times 10^{-5} c(NH_3 - N) \cdot f \tag{7.3}$$

$$f = 100 / (10^{pK_a^{S \cdot T} - pH} + 1) \tag{7.4}$$

$$pK_a^{S \cdot T} = 9.245 + 0.002945S + 0.0324(298 - T) \tag{7.5}$$

式中，$c(NH_3)$ 在一定水体温度、盐度和 pH 下，所测量的水体中非离子态氨的浓度，mg/L；$c(NH_3 - N)$ 为当时所测量的水体中氨氮浓度，mg/L；f 为水体中非离子态氨所占的百分比；T 为海水温度，K；S 为海水盐度；$pK_a^{S \cdot T}$ 为温度 T、盐度 S 情况下，海水中 NH_4^+ 的解离平衡常数 $K_a^{S \cdot T}$ 的负对数；pH 为水体的 pH。

近年来高密度精养型养殖模式所占比例在逐年提升[229]。该养殖模式下，单位面积中残饵及粪便产量较室外开放式流水养殖、网箱吊养、池塘养殖等模式多，更易出现水体中氨氮浓度过高的情况，影响养殖对象的生理状况。所以，监测养殖水环境中氨氮浓度能更好地保障养殖收益。

7.3.2 水产养殖氨氮浓度检测研究现状

目前可用于测量水中氨氮浓度的方法有很多，包括纳氏试剂法、次溴酸盐氧化法、靛酚蓝分光光度法、氨气敏电极法、软测量法、荧光法、酶法、气相色谱法、流动注射法等多种测量方法。且每种方法都有其各自的适用范围，以及测量优势和不足之处。详细介绍如下。

1. 纳氏试剂法

纳氏试剂法是国家规定的测定水中氨氮浓度的标准方法之一[230]，也是测量氨氮浓度最常用的方法。纳氏试剂主要有效成分为显色基团$[HgI_4]^{2-}$。纳氏试剂法的工作原理是显色基团$[HgI_4]^{2-}$与水中氨氮发生络合反应，形成淡红棕色络合物。该络合物的吸光度与水中氨氮浓度成正比，测定 0.42μm 处样品吸光度即可计算出水体中氨氮的浓度。

纳氏试剂共有两种配置方法。氯化汞-碘化钾-氢氧化钾（$HgCl_2$-KI-KOH）溶液和碘化汞-碘化钾-氢氧化钠（HgI_2-KI-NaOH）溶液。这两种配置方法均能产生显色基团$[HgI_4]^{2-}$，其中第一种测量方法配置相对烦琐，先配置 300g/L 氢氧化钾溶液 50mL，再称取 5.0g 碘化钾，溶于 10mL 水中，再将 2.5g 氯化汞粉末在搅拌条件下，分次溶入碘化钾溶液中，至溶液呈深黄色或底部有淡红色沉淀溶解缓慢时，改为滴加氯化汞饱和溶液，至出现少量朱红色沉淀为止。继续搅拌混合溶液，同时将 50mL 氢氧化钾溶液缓慢倒入，稀释至 100mL，于暗处静止 24h，取上清液移至具塞聚乙烯瓶中，于避光处保存，有效为 1 月。第二种方法配置操作较为简单，先配置 320g/L 氢氧化钠溶液 50mL，再称取 7.0g 碘化钾以及 10.0g 碘化汞溶于水中，再于搅拌条件下与氢氧化钠溶液混合，最后将混合溶液稀释到 100mL，于暗处静止 24h，取上清液移至具塞聚乙烯瓶中，于避光处保存，有效期为 1 年。第二种测量方法空白值较高[22]，在配置纳氏试剂时，多选用第一种配置方法。

使用纳氏试剂法测量水中氨氮浓度操作十分简单、快捷，纳氏试剂中显色基团$[HgI_4]^{2-}$与水中氨氮发生络合反应生成淡棕红色络合物，但反应过程中受水中的钙、镁等金属离子、悬浮物、硫化物和有机物等影响，在测量前先将水样通过 0.45μm 滤膜过滤，再加入适量遮蔽剂酒石酸钾钠溶液，经过 10min 显色即可测量。该方法检出限为 0.01mg/L，测定上限为 2.0 mg/L[231]，适用于氨氮浓度较高的养殖水体。但纳氏试剂使用汞盐，对操作人员身体健康危害较大，试验后药品处理不当也易破坏环境。

2. 次溴酸盐氧化法

次溴酸盐氧化法是海洋监测规范中所规定的氨氮测量方法[232]。该方法的测量原理是在碱性环境下,利用次溴酸盐的氧化性将水体中氨氮全部氧化为亚硝酸盐,再用重氮-偶氮分光光度法测量样品中亚硝酸盐总量,去掉原有亚硝酸盐贡献,即可算出样品中氨氮的浓度。

该方法测量时间较长,约 1h,其中次溴酸盐氧化 30min,若少于 30min 易造成氧化不完全,导致测量值较低等,若测量样本温度较低则应适量增加氧化时间,以保证样品中氨氮反应完全。

次溴酸盐法测量灵敏度高,检出限为 0.0004mg/L,检测上限较低,按照《海洋监测规范》(GB 17378.4—2007)规定的标准曲线绘制,其上限为 0.08mg/L。该测量范围不能满足污染较高的海水养殖水体氨氮测量的需求。石芳永等[233]做了标准曲线延长试验,将标准曲线延长至 0.64mg/L,但对海水养殖水环境仍略显不足。吴卓智[234]将水样稀释后再进行测量,以确保养殖水体氨氮值在次溴酸盐法测量范围内,湛江市海洋与渔业环境监测站使用该方式测定养殖海水中氨氮浓度。

3. 靛酚蓝分光光度法

靛酚蓝分光光度法是《海洋监测规范》(GB 17378.4—2007)所规定的仲裁方法,可用于测定大洋、近岸海水以及河口水,还可测量空气中的氨氮浓度[235]。该方法的测量原理是以亚硝酰铁氰化钠为催化剂,在弱碱性环境中,催化氨与苯酚、次氯酸盐反应生成靛酚蓝,再在 640nm 处测定吸光度,以测定氨氮浓度。

该方法的测定范围为 0.0007~0.11mg/L,不与水机氮化物反应,误差较低,灵敏度略低,反应时间长,需至少 6h 反应时间[236]。对于水产养殖行业来说,实用性较低。魏海峰等[237]通过 40℃恒温水浴加热以及加入锰离子催化的方法将反应时间缩短至 15min,提高了试验效率。

4. 氨气敏电极法

氨气敏电极法是利用电化学思路测量水中氨氮的一种方法。该方法所使用的氨气敏电极为 pH 复合电极,参比电极为银-氯化银电极。电极对置于充满 0.1mol/L 氯化铵溶液的塑料套管中,在塑料管底端与指示电极相贴,并装有仅分子态氨能通过的气敏膜,将管内电解液与外界隔离开。

测量时，调整待测样本 pH，使待测样本中氨氮全部转化为非离子态即氨气形式存在。将电极放入待测样本中，氨气通过气敏透膜进入到塑料套管内，与套管内水体发生水解反应 $NH_3 + H_2O \rightleftharpoons NH_4^+ + OH^-$，改变了塑料套管内 pH，pH 玻璃电极所测得的电位也相应改变，在离子强度、温度、性质和电极参数恒定的情况下，所测得的电动势与待测水样中氨氮浓度的对数呈一定的线性关系，测得电位值，确定样品中氨氮的浓度[238]。

该方法简单快捷，测量范围为 0.4～1400mg/L，使用前仅需要用浓度相差 10 倍的标准溶液标定，得到在该环境条件下电极的测定斜率，即可对样品进行测量。

5. 软测量法

软测量技术是自动控制理论、计算机技术、传感器技术相结合，利用易测得的变量通过构建数学模型，以软件代替硬件的测量技术。利用软测量技术测量水中氨氮可以实现对养殖水体中氨氮的实时监测。目前将该技术运用于养殖水体测量的研究较少，高艳萍等[208]建立了基于 BP 神经网络的养殖水体氨氮预测模型。近年来，已开始利用软测量的方法监测污水中的氨氮，并取得较好的效果。乔俊飞等[239,240]提出了基于 RBF 神经网络软测量模型预测污水中的氨氮；韩红桂等[241]基于区间二型模糊神经网络实现了对城市污水中氨氮的软测量建模，实现了对氨氮的实时监测。同年郭民等[242]通过模糊神经网络模型，建立了城市污水处理系统中氨氮和总磷浓度的软测量模型，证明了该方法的实用性。

6. 其他方法

除上述常用方法外，还有许多测量氨氮的方法。S. M. Lloret 等利用邻苯二甲醛、巯基乙醇和氨反应，生成具有较强荧光特性的异吲哚取代衍生物，从而检测水中的氨氮浓度[243]。王宁等[244]试验证明，用该方法测量水中氨氮浓度不受盐度影响，海水、淡水均可使用，检出限为 0.00195mg/L。

酶法兴起于 20 世纪 70 年代，最早用于测定血液中氨氮[48]。酶法测量水中氨氮的原理是基于谷氨酸脱氢酶催化反应。柳畅先等[245]通过测定烟酰胺腺嘌呤二核苷酸吸光度变化率计算样品中氨氮的浓度。该方法的检出限为 0.31mg/L，测量时样品 pH 需控制在 8.6 左右。

气相色谱法也是一种快速有效监测水中氨氮的方法。该方法的原理是通过次溴酸盐将水样中的氨氮全部氧化为亚硝酸盐，在酸性条件下，加入无水乙醇使水样中的亚硝酸盐分解为 NO_2，用空气载入气相色谱仪的吸光管中，测定其对锌空心阴极灯 213.9nm 波长产生的吸光强度，测定样品中氨氮的浓度。该方法测量范围广，操作简单，但易受水中有机胺的影响，需要先蒸馏去除[246]。

流动注射法是仪器分析方法，该方法的原理是先将待测样品中的氨氧化为一氯胺，再与水杨酸盐反应生成 5-氨基水杨酸，最后经过氧化和氧化耦合作用形成绿色化合物，通过测定 660nm 处，该化合物的吸收系数即可计算出样品中氨氮的浓度[247]。该方法检出限为 0.0029mg/L，比分光光度法操作简单，节省了大量的人工成本。

综上所述，纳氏试剂法可适用于淡水和海水环境，测量范围为 0.1～2.0mg/L，显色时间较短，约为 10min，方便快捷，但纳氏试剂中含有高浓度的汞盐，是重金属污染物，若试验废液处理不当，会对环境造成较大的破坏，同时对试验人员的身体健康也有较大的危害，若纳氏试剂泄漏到养殖环境中，将会带来不可估量的经济损失。次溴酸盐氧化法可用于海水和淡水环境，测量精度较高，但测量上限较低，仅为 0.08mg/L，不适用于海水养殖环境，若稀释后测量将增大测量成本并可能导致新的误差引入。靛酚蓝法可用于海水和淡水环境，但其测量氧化时间为 6h，不能满足对养殖水环境的日常变化监测需求。氨气敏电极法测量时易受水中有机物质影响，需要先调节样本 pH 后再进行测量，且氨气敏电极维修和维护的成本都较高，不适于长时间使用。酶法、荧光法、气相色谱法、流动注射法等，使用率相对较低，测量成本较高，难度较大，不适于推广。

较之其他测量方法，利用软测量法测量水体中氨氮浓度的研究起步较晚，但已有学者做过相关研究，且在城市污水中氨氮浓度的测量取得较好的效果，由此证明利用软测量法测量养殖水体中氨氮浓度是具有可行性的。软测量法具有实时在线监测的能力，根据不同的养殖环境选择合适的辅助变量，通过优化算法可以提高测量精度和鲁棒性。

7.3.3　基于 GA-SVM 的养殖水体氨氮浓度软测量

1. SVM 算法简介

SVM 是由贝尔实验室的 V. N. Vanpnik 及其研究小组于 1995 年在统计学习理论的基础上提出来的一类新型的机器学习方法。它是结构风险最小化准则基本思想的具体实现，做到同时经验风险和置信范围最小化，即以训练误差作为优化问题的约束条件，以置信范围值最小化作为优化问题的目标来实现的。SVM 通过使用非线性映射算法将低维输入空间线性不可分的样本映射到高维属性空间使其线性可分，使得在高维属性空间采用线性算法对样本的非线性特性进行分析成为可能，它通过使用结构风险最小化准则在属性空间构造最优分割超平面，解决了过学习问题，对样本具有较好的泛化能力。

通常情况下我们学习到的样本集 $\{x_i, y_j\}$ 是非线性的，而 SVM 的基本思想是将输入样本空间通过核函数 $K(x_i, x_j)$ 映射到另一个特征空间并在该空间构造回归函数，其中 $K(x_i,x_j)=\phi(x_i)\cdot\phi(x_j)$ ， $\phi(x)$ 为非线性函数，假设非线性回归函数为

$$f(x)=w^T\phi(x)+b \tag{7.6}$$

目标是求解 w 、 b ，最小化 $\frac{1}{2}w^Tw$ ，考虑引入松弛变量 ξ_i 、 ξ_i^* ，这样最优化问题为

$$\min_w \frac{1}{2}w^Tw+c\sum_{i=1}^{n}(\xi_i+\xi_i^*) \tag{7.7}$$

$$\text{s.t. } y_i-w\cdot\phi(x_i)-b \leqslant \varepsilon+\xi_i \tag{7.8}$$

$$w\cdot\phi(x_i)-b-y_i \leqslant \varepsilon \tag{7.9}$$

$$w\cdot\phi(x_i)-b-y_i \leqslant \varepsilon+\xi_i^* \tag{7.10}$$

式中， $\xi_i \geqslant 0$ ， $\xi_i^* \geqslant 0$ ， $i=1,2,\cdots,n$ 。

利用拉格朗日乘子法来求解这个约束优化问题，由最优化理论将 L_p 分别对 w 、 b 、 ξ_i 、 ξ_i^* 求偏导，并令偏导数为 0 可得

$$w=\sum_{i=1}^{n}(\alpha_i-\alpha_i^*)\phi(x_i) \tag{7.11}$$

$$\sum_{i=1}^{n}(\alpha_i-\alpha_i^*)=0 \tag{7.12}$$

$$C-\alpha_i-\beta_i=0 \tag{7.13}$$

$$C-\alpha_i^*-\beta_i^*=0 \tag{7.14}$$

利用对偶原理：

$$L_p=-\frac{1}{2}\sum_{i=1}^{n}\sum_{j=1}^{n}(\alpha_i-\alpha_i^*)(\alpha_j-\alpha_j^*)K(x_i,x_j)-\sum_{i=1}^{n}(\alpha_i+\alpha_i^*)\varepsilon+\sum_{i=1}^{n}(\alpha_i-\alpha_i^*)y_i \tag{7.15}$$

$$\text{s.t. } \sum_{i=1}^{n}(\alpha_i-\alpha_i^*)=0 \tag{7.16}$$

式中， $0 \leqslant \alpha_i \leqslant C$ ， $0 \leqslant \alpha_i^* \leqslant C$ ， ξ_i 、 ξ_i^* 、 β_i 、 β_i^* ，在计算过程中都抵消了， $C>0$ 为惩罚因子， ε 为数据到回归平面人为给定一个距离容忍值。求出 w 和 b ，进而求出最优超平面的解析表达式，即式（7.6）。

SVM 的核心是核函数 $K(x_i,x_j)$ 的选择，核函数的选择对于 SVM 的结果有很大的影响，其价值在于它可以通过在低维空间中计算就可以把效果映射到高维空间，这样可以避免高维空间中的组合爆炸问题。

本书所选用的核函数是最常用的高斯核函数：

$$K(x_i, x_j) = \exp\left(-\frac{\|x_i - x_j\|}{2\sigma^2}\right) \tag{7.17}$$

因为其对应的有效参数选择范围较小，使计算过程变得简单且 SVM 可以获得一个平滑的估计。高斯核函数参数 $g = -\dfrac{1}{2\sigma^2}$，通过调控 σ 参数，使得高斯核函数具有很高的灵活性。由此可见，SVM 的训练问题本质上是一个经典的二次规划问题，避免了局部最优解，有效地克服了维数灾难，可以利用最优化理论中许多成熟的算法，这里选择遗传算法。

2. 遗传算法简介

遗传算法最先是由 J. Holland 教授于 1975 年提出，它是模拟达尔文遗传选择和自然淘汰生物进化过程的计算模型。遗传算法的思想源于生物遗传学和适者生存的自然规律，是基于迭代过程的搜索算法，是对生物系统所进行的计算机模拟研究。生物进化过程是基于自然界中生物遗传与进化机理，并通过染色体之间的交叉和变异来完成。针对不同问题，学者设计了许多用不同编码方法来表示问题的可行解，并开发出多种不同编码方式来模拟不同环境下生物遗传特性。这样，由不同编码方法和不同遗传算子就构成了各种不同的遗传算法。遗传算法的本质是一种高效、并行、全局搜索方法，它能在搜索过程中自动获取和积累有关搜索空间的知识，并自适应地控制搜索过程以求得最优解。在遗传算法每一代操作中，根据个体在问题域中的适应度值，以及从自然遗传学中借鉴来的再造方法进行个体选择，产生一个新的近似解，在这个过程中，种群个体不断得到改进，使得新得到的个体比原来个体更能适应环境，就像自然界中的改造一样。遗传算法在使用过程中，以一种群体中所有个体为对象，并利用随机化技术指导对一个被编码的参数空间进行高效率搜索。式中，选择、交叉和变异构成了遗传算法的遗传操作；它的核心内容包括参数编码、初始群体设定、适应度函数设计、遗传操作设计、控制参数设定、约束条件的处理等。

3. GA-SVM 软测量算法流程

本书选择遗传算法对 SVM 模型中的惩罚参数 C 和核函数参数 g 进行优化，采用 SVM 实现对水体氨氮浓度的预测，为了得到泛化性高的模型，利用验证集来验证模型的泛化能力，当泛化能力较差时，需重新调整参数 C 和 g 的初始化寻优范围，算法流程如图 7.3 所示。

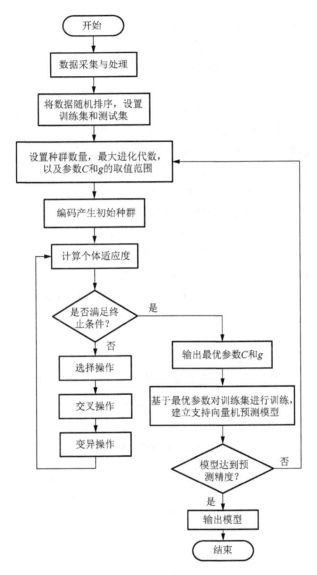

图 7.3　GA-SVM 软测量算法流程图

7.3.4　仿真试验

1. 试验室养殖环境

工厂化循环水养殖模式是结合水生生物学、环境工程学、传感器技术、自动控制技术等多种学科所建立起来的一种新型养殖模式，相比传统的粗放式养殖模式，具有节水、省电、投高土地利用率等优势，是水产养殖的下一步的发展方向。

　　工厂化循环水养殖模式相比起步较晚，因为使用循环水，在节省水资源的同时也提高了对水质监测的要求。养殖水环境是养殖的基础，如果不能对养殖水环境进行有效的控制将会带来严重的经济损失。为了进一步提高对工厂化循环水养殖模式的认识，我们基于 PLC 控制技术建立了实验室内模拟循环水养殖环境。试验系统软硬件组成将在第 8 章详细介绍。该系统由五个水箱组成，分别为供水箱、上位水箱、过滤水箱和两个循环水箱，养殖用水取自大连黑石礁黄海近岸海水，经过滤及除菌处理后注入供水箱，经用 PLC 控制实现养殖水体的循环过滤过程。试验所选用的养殖对象为大菱鲆，大菱鲆具有生长速度快、出肉率高、肉质鲜美、骨刺少、内脏团小、口感鲜嫩爽滑等特点。目前国际市场上，相较其他海洋鱼类，野生大菱鲆所占大菱鲆总销量的比例较低，野生大菱鲆的捕获率也不高，通常全球年总捕捞量均不高于 1 万吨。自 1992 年，雷霁霖院士从英国引进大菱鲆以来，经多年研究，现在于中国已经实现一定的人工养殖规模[248]。

　　试验过程中结合实际生产的养殖密度，按照每平方米 30 尾（体长：25±3cm）进行养殖，养殖过程中每日投饵两次，总投饵量约为总体重的 2%。

2. 数据的采集

　　根据养殖过程中最常关注的水质参数，测量水体温度、pH、电导率、溶氧浓度以及氨氮浓度等参数，其中氨氮浓度的测量方法选用最常用的氨氮测量方法——纳氏试剂法，其余变量由传感器测得。同时测量鱼的体重、体长、日投饵量的数据。部分测量数据如表 7.4 所示。

表 7.4　部分测量数据

序号	温度/℃	pH	电导率/ (mS/cm)	溶氧浓度/ (mg/L)	氨氮浓度/ (mg/L)
1	14.9	7.85	41.1	8.2	0.1859
2	14.7	7.85	41.1	8.26	0.2161
3	14.5	7.91	41.2	8.27	0.2362
⋮	⋮	⋮	⋮	⋮	⋮
236	14.8	7.74	41.5	8.14	0.0905
237	15.1	7.72	41.6	8.08	0.1256

3. 试验结果与讨论

　　采用 GA-SVM 算法，选用 50%的数据进行建模，50%的数据进行验证，得到预测结果如图 7.4 所示，误差如图 7.5 所示。从图中可以看出，通过 GA-SVM 算法，基本可以预测出氨氮浓度的变化趋势，且误差大部分集中在±0.05mg/L 之间，满足实际需求，可以实现氨氮浓度预测。将其与 BP 算法、PLS 算法比较，结果如表 7.5 所示，可见所选方法精度较高。

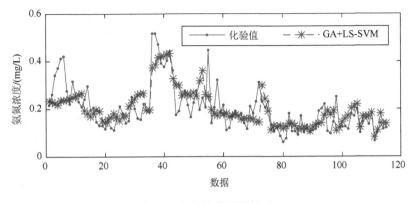

图 7.4　氨氮浓度预测结果

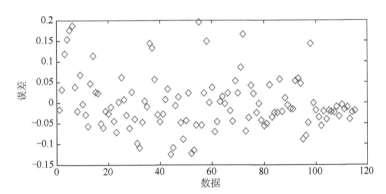

图 7.5　氨氮浓度预测误差

表 7.5　不同方法的预测结果比较

方法	RMSE
BP	0.1136
PLS	0.0681
GA-SVM	0.0155

　　然而，前面我们也提到过，这类方法中预测模型的性能好坏取决于最小二乘支持向量机参数的选择，在实际应用中仍然存在参数难以选择的问题，因此，这方面还需进一步深入研究。

7.4　本章小结

　　养殖水环境是水产养殖的基础和养殖收益的关键，养殖水体中的溶氧和氨氮浓度，不仅影响养殖对象的健康情况，同时也能侧面反映饵料的转化率以及养殖对象的生长情况等多方面生产情况，实现对养殖水环境中溶氧和氨氮浓度的监测及预测，能够避免由于实验室检测时间所导致的滞后损失，还可以对养殖状况进行更直观的观测和分析。本书通过查阅相关文献以及实验室建立模拟工厂化大菱鲆养殖环境，结合实测值，选用 NNPLS 神经网络建立溶氧浓度预测模型，选用 GA-SVM 建立氨氮浓度软测量模型，进行建模的初探，通过计算值与实际值的比较，验证了方法的有效性。未来将进一步深入研究建模和参数学习算法，从而提高训练以及预测的精度，得到更为精准的养殖水体关键参数预测值。

8

集约化水产养殖水环境软测量
系统的研发

　　循环水养殖系统以其高效的经济模式成为所有养殖模式中，单位产量最高的养殖模式，所以在未来的几十年里，全世界范围内循环水养殖技术将以环境友好的方式成为满足世界人口对于水产品需要的关键技术。相比于其他传统的养殖方式，循环水养殖在节省资源方面表现惊人，其每生产单位水产品可比传统方式节约 50～100 倍的土地和 160～2600 倍的水，而其最终的养殖废水是经过水处理后才排放的，几乎不对环境造成任何污染。集约化水循环养殖与传统养殖大相径庭，集约化水循环养殖的优点在于其能够依托小面积的养殖区域，实现高密度的高效养殖。另外，水的循环利用可以达到节约水资源的目的。

　　为实现水产养殖关键参数的预测与控制，本章设计和开发了集约化养殖水环境软测量系统，实现水循环的同时，也可对水质参数如温度、电导率、pH、液位等进行实时监测，还可对溶氧浓度、氨氮浓度等参数进行预测和控制。

8.1　集约化水产养殖硬件系统设计

　　根据集约化水产养殖系统的特点及设计要求，将系统分为现场级、控制级和管理级。现场级包括供水箱、循环水箱、过滤水箱等，并将各种检测仪表、传感器、控制设备接入，使用现场总线将控制级的 PLC 与各种设备进行连接，同时连到管理级的上位机，共同组成硬件设备的基础框架。系统的硬件结构如图 8.1所示[249]。

　　现场级是完成系统整体功能的基础，现场级由五个水箱（供水箱、上位水箱、循环水箱 1、循环水箱 2 及过滤水箱）、控制设备（电磁阀、加热棒、曝气泵等）、传感器（按照系统设计要求选择的德国 WTW 公司的多功能复合型水质参数传感器，其功能是采集各种水质参数，例如温度、溶氧浓度、pH 等）、检测仪等设备组成。现场级的主要功能是接受来自控制级的指令对执行机构进行控制以实现水循环过程，以及对各种水质参数的检测并将检测数据上传，现场检测仪表采用 PROFIBUS 现场总线进行连接。

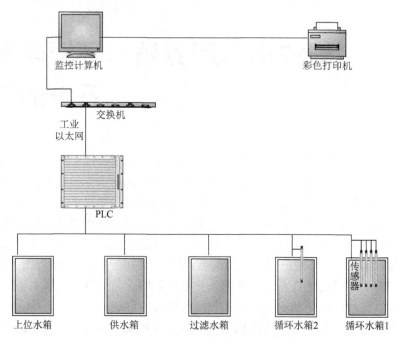

图 8.1　集约化水产养殖监控系统硬件结构

控制级是管理级与现场级之间的枢纽，主要功能是接收上位机的命令和写入的参数，实现对水循环过程中各种设备（电磁阀、水泵、曝气泵、加热棒）的控制，同时实现对现场各种水质参数的采集、数据上传等功能。在工业控制行业里，PLC 已成为不可忽视的工控设备，而正是由于 PLC 组态灵活、高可靠性、并可以和计算机、通信模块以及其他控制器等任意配合等优良性能，使得它在各种不同的水工业测控场合的表现异常突出，本系统就以 PLC 作为控制级的核心部件。

管理级是整个系统的中枢，提供人机对话和系统信息交换的界面。主要功能是实现系统组态，在线修改参数（例如循环水箱 1 的水位上下限值等），水质参数显示（例如温度、溶氧浓度、pH 等），设备集中控制以及其运行状态的显示（例如加热棒、曝气泵等）历史数据打印、存档等。具体设计中考虑到管理级功能结构应具有层次性和可分割性，采用了客户/服务器的结构设计。而具体设计中选用研华科技公司的 IPC-610L 型工业机（CPU 规格为 Pentium(R)Dual-Core E5300 2.6GHz）作为管理级计算机。

8.1.1 水循环系统硬件设计

水循环系统由供水箱、上位水箱、循环水箱 1、循环水箱 2 及过滤水箱组成，其具体的连接如图 8.2 所示。其具体的工作原理是：使用人工作业的方式向供水箱注满水，通过 PLC 控制的电磁阀和水泵把水打入上位水箱，然后通过 PLC 控制电磁阀以及重力作用从上位水箱向过滤水箱注水进行养殖前水过滤，如果上位水箱中的水符合水产养殖条件，可以直接由上位水箱向循环水箱 2 或循环水箱 1 中注水进行水生物养殖。循环水箱 1 与循环水箱 2 之间可以实现互相打水，在与过滤水箱一起实现水循环的过程中，循环水箱 2 有自动控制水温的作用。水循环的方向是循环水箱 1→过滤水箱→上位水箱→循环水箱 2→循环水箱 1，循环水箱 1 中安装有各种水质参数传感器，可以实时监测循环水箱 1 中的水环境温度、溶氧浓度、pH、电导率及氨氮浓度等水质参数。

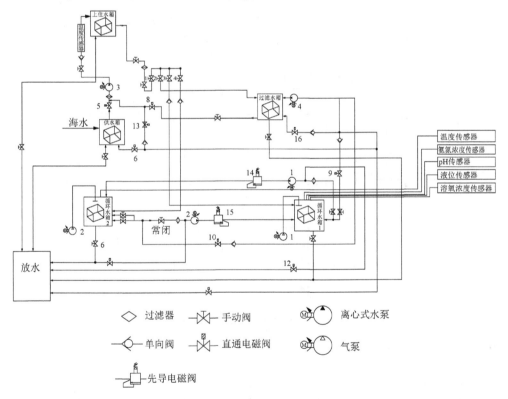

图 8.2　水循环系统的硬件连接图

考虑到节电的因素，使上位水箱水平位置高于其他水箱，向循环水箱 1 和循环水箱 2 加水时仅利用电磁阀和水的压力即可实现，无需使用大功率的水泵。进行系统升级和维护，需要对设备进行大型组装时，可在上位机中打开相应电磁阀，即可实现整个循环系统水的排放。水循环硬件系统实物图如图 8.3 所示。

图 8.3 水循环硬件系统实物图

8.1.2 PLC 控制系统设计

集约化水产养殖监控系统管理层为上位机监控中心，控制层为 PLC。PLC 和上位机进行以太网通信，传感器采集到的模拟信号经过 PLC 运算后，将实际工程量传给上位机，同时将采集到的信号反馈给控制器，加以对执行元件的控制，形成系统的闭环控制。系统的硬件结构图如图 8.4 所示。

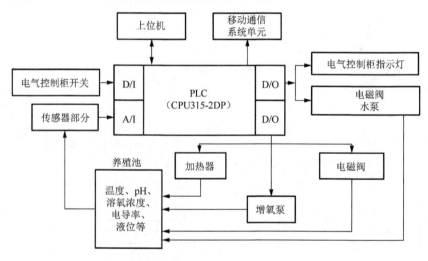

图 8.4 PLC 控制系统的硬件结构图

8.1.3 水环境监控系统设计

集约化水厂养殖监控系统结构如图 8.5 所示。

监控功能是系统把采集到的现场数据通过上位机的监控画面显示出来，并将数据保存到数据库，以便随时查阅和研究之用。现场参数的显示有多种方式，可以直接显示，也可以以曲线或者图标的形式显示。各种设备的运行状态如电磁阀的开关、加热棒的运行停止等，都可以通过制作的动画直观地显示出来。

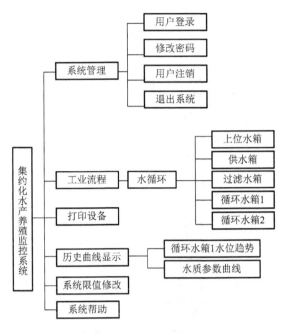

图 8.5　监控系统结构

8.2　集约化水产养殖水环境软件系统设计

8.2.1　循环水系统程序设计

根据实验室现有基础条件，以及对集约化水产养殖的水循环过程的了解。本集约化水产养殖水循环系统分三个过程对水循环系统进行控制。

（1）进水过程。

进水过程是循环水养殖过程的前提，本系统进水过程使用人工作业的方式向过滤池加满水，通过 PLC 控制的水泵和电磁阀向供水箱和循环水箱送水。进水完成后，四个水池都充满新水。

（2）水循环过程。

进水过程完毕后，上位水箱、供水箱、循环水箱 1 和循环水箱 2 都充满水。当水循环时，启动水泵，将两个循环水箱中不合格的水排入过滤池进行过滤和沉淀。水循环过程控制流程图如图 8.6 所示。

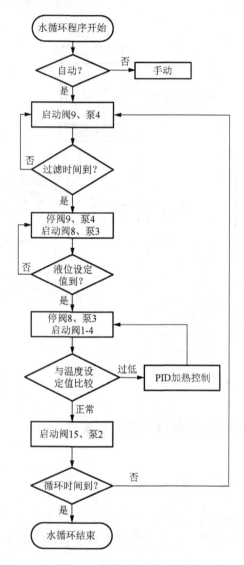

图 8.6　水循环控制流程图

（3）清池、排水过程。

考虑到水循环系统需要清洗维护，本系统设计了清池、排水的过程，在清理水池时可以用循环水箱中的新水冲洗各个水池，根据需要打开电磁阀向排水管道排水 2 号电磁阀、3 号电磁阀向排水管道排水。

本集约化水产养殖系统采用块编程模式，将系统各个过程的功能编辑成相应的功能块，这样既减少了重复编程，也简化了编程，使程序简洁明了。

8.2.2 水环境人机交互画面

为了保证系统的安全性，为系统设置了权限。当系统处于激动状态时，使用者必须在系统的登录界面输入"用户名"和"密码"，输入正确后，单击"登录"方可进入本系统的主界面。系统登录界面如图 8.7 所示。

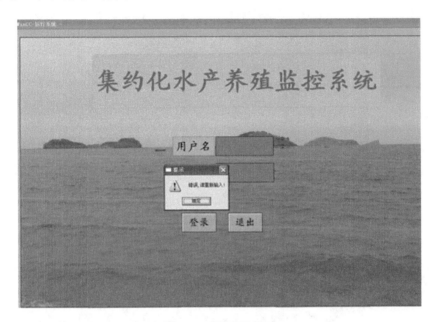

图 8.7 系统登录界面

为了便于养殖者能在上位机监控系统中直观地了解当前设备运行状态，组态软件时采取对电磁阀、水泵、空气泵、加热棒、水循环管道等设备进行组态编程，以颜色的动态变化表示设备的运行状态（灰色为关闭状态、绿色为运行状态）。打开相应的控制设备时，水循环时所要流经的管道也会随着设备的运行状态实现颜色的动态变化（灰色为管道无水流通、绿色为管道有水流通）。手动模式下，在界面中直接单击设备图形，系统会主动弹出对话框显示出当前设备所控制水循环的信息和控制指令，大大减少了误操作的发生。主界面如图 8.8 所示。

在养殖池界面中，用户可以单独的对溶氧浓度、温度、液位进行工程量上下限设置，并对养殖池内的所有水质参数进行实时采集，如图 8.9 所示。

为了便于用户直观地观察到水体水质中参数的变化，系统采集了当前水质参数，用曲线趋势的形式呈现出来，如图 8.10 所示。

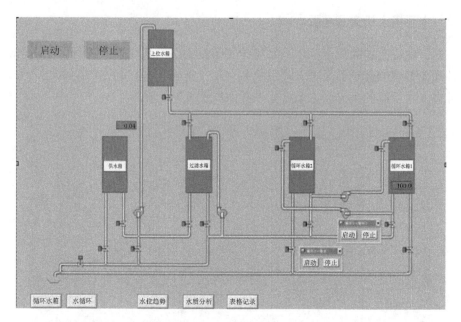

图 8.8　主界面

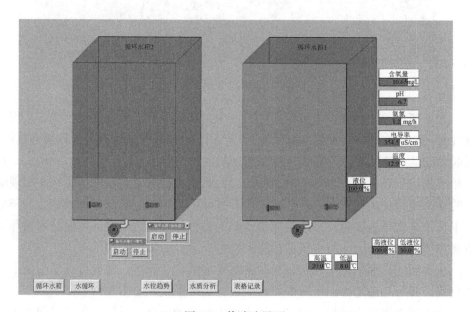

图 8.9　养殖池界面

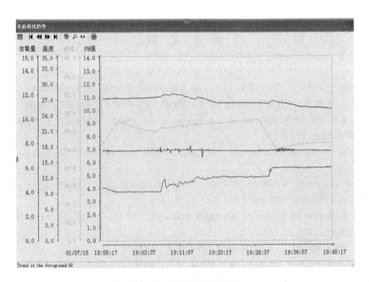

图 8.10 水质曲线界面

除此之外，系统还有数据报表、报警、打印等功能。

8.3 本章小结

本章根据水产养殖水环境软测量系统的功能，设计和开发了相应的软测量软件系统。试验研究结果表明，此软件使用方便、易于操作，能够实现为软测量模型提供输入数据以及实时显示模型输出的功能，整个软件系统为养殖水环境关键参数软测量方法的实现奠定了基础。

参 考 文 献

[1] 李海清，黄志尧. 软测量技术原理及应用[M]. 北京：化学工业出版社，2000.

[2] 于静江，周春晖. 过程控制中的软测量技术[J]. 控制理论与应用，1996，13(2)：137-144.

[3] 俞金寿，刘爱伦. 软测量技术及其在石油化工中的应用[M]. 北京：化学工业出版社，2000.

[4] Petr K, Bogdan G, Sibylle S. Data-driven soft sensors in the process industry[J]. Computers and Chemical Engineering, 2009, 33(4): 795-814.

[5] Petr K, Bogdan G. Architecture for development of adaptive on-line prediction models[J]. Memetic Computing, 2009, 1: 241-269.

[6] Daniel S, Pedro A, Pablo E. Adaptive soft-sensors for on-line particle size estimation in wet grinding circuits[J]. Control Engineering Practice, 2008, 16(2): 171-178.

[7] Petr K, Ratko G, Bogdan G. Review of adaptation mechanisms for data-driven soft sensors[J]. Computers and Chemical Engineering, 2011, 35(1): 1-24.

[8] 李修亮. 软测量建模方法研究与应用[D]. 杭州：浙江大学，2009.

[9] 张立权. 基于模糊推理系统的工业过程数据挖掘[M]. 北京：机械工业出版社，2009.

[10] Kadlec P. On robust and adaptive soft sensors[D]. Bournemouth: Bournemouth University, 2009.

[11] Scheffer J. Dealing with missing data[J]. Research Letters in the Information and Mathematical Sciences, 2002, 3(1): 153-160.

[12] Walczak B, Massart D L. Dealing with missing data: Part II [J]. Chemometrics and Intelligent Laboratory Systems, 2001, 58(1): 29-42.

[13] Schafer J L, Graham J W. Missing data: Our view of the state of the art[J]. Psychological Methods, 2002, 7(2): 147-177.

[14] Chen J, Bandoni A, Romagnoli J A. Outlier detection in process plant data[J]. Computers and Chemical Engineering, 1998, 22 (4-5): 641-646.

[15] 赵慧，甘仲惟，肖明. 多变量统计数据中异常值检验方法的探讨[J]. 华中师范大学学报，2003，37(2)：133-137.

[16] Victoria J H, Jim A. A survey of outlier detection methodologies[J]. Artificial Intelligence Review, 2004, 22(2): 85-126.

[17] 成忠. PLSR 用于化学化工建模的几个关键问题的研究[D]. 杭州：浙江大学，2005.

[18] Pearson R K. Outliers in process modeling and identification[J]. IEEE Transactions on Control Systems Technology, 2002, 10 (1): 55-63.

[19] Lin B, Recke B, Knudsen J, et al. A systematic approach for soft sensor development[J]. Computers and Chemical Engineering, 2007, 31 (5): 419-425.

[20] Davies L, Gather U. The identification of multiple outliers[J]. Journal of the American Statistical Association, 1993, 88 (423): 782-792.

[21] Menold P H, Pearson R K, Allgower F. Online outlier detection and removal[C]. Proceedings of the 7th Mediterranean on Control and Automation, 1999: 1110-1133.

[22] Warne K, Prasad G, Rezvani S, et al. Statistical and computational intelligence techniques for inferential model development: a comparative evaluation and a novel proposition for fusion[J]. Engineering Applications of Artificial Intelligence, 2004, 17 (8): 871-885.

[23] Chiang L H, Pell R J, Seasholtz M B. Exploring process data with the use of robust outlier detection algorithms[J]. Journal of Process Control, 2003, 13 (4): 437-449.

[24] Li W, Yue H H, Valle C S, et al. Recursive PCA for adaptive process monitoring[J]. Journal of Process Control, 2000, 10(5): 471-486.

[25] Brian B, Mayur D, Rajeev M. Sampling from a moving window over streaming data[C]. Proceedings of the Thirteenth Annual ACM-SIAM Symposium on Discrete Algorithms, 2002: 633-634.

[26] Zhao L J, Chai T Y, Wang G. Double moving window MPCA for online adaptive batch monitoring[J]. Chinese Journal of Chemical Engineering, 2005, 13(5): 649-655.

[27] 田维明. 计量经济学[M]. 北京：中国农业出版社，2005.

[28] Jolliffe I T. Principal component analysis[M]. Berlin: Springer, 2002.

[29] Wold S, Sjstrm M, Eriksson L. PLS-regression: a basic tool of chemometrics[J]. Chemometrics and Intelligent Laboratory Systems, 2001, 58(2): 109-130.

[30] Jain A K, Duin R P W, Mao J C. Statistical pattern recognition: A review[J]. IEEE Transactions on Pattern Analysis and Machine Intelligence, 2000, 22(1): 4-37.

[31] Guyon I, Elisseeff A. An introduction to variable and feature selection[J]. Journal of Machine Learning Research, 2003, 3(7-8): 1157-1182.

[32] 倪博溢, 萧德云. 多采样率系统的辨识问题综述[J]. 控制理论与控制应用，2009，26(1)：62-68.

[33] 常玉清, 王福利. 基于多采样率数据的软测量模型[J]. 系统仿真学报，2001，13(增刊)：1-2.

[34] Ding F, Chen T. Modeling and identification for multirate systems[J]. Acta Automatica Sinica, 2005, 31(1): 105-122.

[35] Bao L, Bodil R, Torben M S, et al. Data-driven soft sensor design with multiple-rate sampled data: A comparative study[J]. Industrial and Engineering Chemistry Research, 2009, 48(11): 5379-5387.

[36] Wang D, Zhou D H, Jin Y H, et al. Adaptive generic model control for a class of nonlinear time-varying processes with input time delay[J]. Journal of Process Control, 2004, 14(5): 517-531.

[37] Chen J, Bandoni A, Romagnoli J A. Robust statistical process monitoring[J]. Computers and Chemical Engineering, 1996, 20(S1): S497-S502.

[38] Zamprogna E, Barolo M, Seborg D E. Development of a soft sensor for a batch distillation column using linear and nonlinear PLS regression techniques[J]. Control Engineering Practice, 2004, 12: 917-929.

[39] Rotem Y, Wachs A, Lewin D R. Ethylene compressor monitoring using model-based PCA[J]. AIChE Journal, 2000, 46 (9): 1825-1836.

[40] Dong D, McAvoy T J. Nonlinear principal component analysis-based on principal curves and neural networks[J]. Computers and Chemical Engineering, 1996, 20(1): 65-78.

[41] Wang X, Kruger U, Irwin G W. Process monitoring approach using fast moving window PCA[J]. Industrial and Engineering Chemistry Research, 2005, 44(15): 5691-5702.

[42] Lee C, Choi S W, Lee I B. Sensor fault identification based on time-lagged PCA in dynamic processes[J]. Chemometrics and Intelligent Laboratory Systems, 2004, 70(2): 165-178.

[43] 王惠文. 偏最小二乘回归方法及其应用[M]. 北京：国防工业出版社，1999.

[44] Wold S, Ruhe A, Wold H, et al. The collinearity problem in linear regression. The partial least squares approach to generalized inverses[J]. Journal of Statistical Computing, 1984, 5(3): 735-743.

[45] 董春, 吴喜之, 程博. 偏最小二乘回归方法在地理与经济的相关性分析中的应用研究[J]. 测绘科学，2000，25(4)：48-51.

[46] 丛爽. 面向 MATLAB 工具箱的神经网络理论与应用[M]. 北京：中国科技大学出版社，1998.

[47] Petr K, Bogdan G. Gating artificial neural network based soft sensor[J]. Studies in Computational Intelligence, 2008, 134: 193-202.

[48] Dote Y, Ovaska S J. Industrial Applications of Soft Computing: A Review[C]. Proceedings of the IEEE, 2001, 89(9): 1243-1265.

[49] Gonzaga J C B, Meleiro L A C, Kiang C, et al. ANN-based soft-sensor for real-time process monitoring and control of an industrial polymerization process[J]. Computers and Chemical Engineering, 2009, 33(1): 43-49.

[50] Min W L, Hong S H, Choi H. Real-time remote monitoring of small-scaled biological wastewater treatment plants by a multivariate statistical process control and neural network-based software sensors[J]. Process Biochemistry,

2008, 43(10): 1107-1113.

[51] 胡宝清. 模糊理论基础[M]. 武汉：武汉大学出版社，2004.

[52] Buckley J J. Sugeno type controllers are universal controllers [J]. Fuzzy Sets Systems, 1993, 53(3): 299-303.

[53] Tomohiro T, Michio S. Fuzzy identification of systems and its applications to modeling and control[J]. IEEE Transactions on Systems, Man and Cybernetics, 1985, 15(1): 116-132.

[54] Pei C C, Chen H L. A TSK type fuzzy rule based system for stock price prediction[J]. Expert Systems with Applications, 2008, 34(1): 135-144.

[55] Sugeno M, Kang G T. Structure identification of fuzzy model[J]. Fuzzy Sets and Systems, 1988, 28: 15-33.

[56] Ferreyra A, Yu W. On-line fuzzy neural modeling with structure and parameters updating[C]. 2004 IEEE International Conference on Computational Intelligence for Measurement Systems and Applications, Boston, USA, 2004: 127-130.

[57] Angelov P, Kasabov N. Evolving computational intelligence systems[C]. IEEE Workshop on Genetic and Fuzzy Systems, 2005: 17-19.

[58] 张学工. 关于统计学习理论与支持向量机[J]. 自动化学报，2000，26(1)：32- 41.

[59] 黄德先，叶心宇，竺建敏，等. 化工过程先进控制[M]. 北京：化学工业出版社，2006.

[60] Ding J L, Chai T Y, Wang H. Offline modeling for product quality prediction of mineral processing using modeling error PDF shaping and entropy minimization[J]. IEEE Transactions on Neural Networks, 2011, 22(3): 408-419.

[61] Wu F H, Chai T Y. Soft sensing method for magnetic tube recovery ratio via fuzzy systems and neural networks[J]. Neurocomputing, 2010, 73(13-15): 2489-2497.

[62] Psichogios D C, Ungar L H. A hybrid neural network-first principles approach to process modeling[J]. AIChE Journal, 1992, 38(10): 1499-1511.

[63] 铁鸣，岳恒，柴天佑. 磨矿分级过程的混合智能建模与仿真[J]. 东北大学学报(自然科学版)，2007，28(5)：609-612.

[64] Thompson M L, Kramer M A. Modeling chemical processes using prior knowledge and neural networks[J]. AIChE Journal, 1994, 40(8): 1328-1340.

[65] Cong Q M, Yu W, Chai T Y. Cascade process modeling with mechanism-based hierarchical neural networks[J]. International Journal of Neural Systems, 2010, 20(1): 1-11.

[66] 陈晓方，桂卫华，王雅琳，等. 基于智能集成策略的烧结块残硫软测量模型[J]. 控制理论与应用，2004，21(1)：75-80.

[67] 王春生，吴敏，佘锦华. 基于 PNN 和 IGS 的铅锌烧结块成分智能集成预测模型[J]. 控制理论与应用，2009，26(3)：316-320.

[68] Ng C W, Hussain M A. Hybrid neural network-prior knowledge model in temperature control of a semi-batch polymerization process[J]. Chemical Engineering and Processing, 2004, 43(4): 559-570.

[69] Qi H Y, Zhou X G, Liu L H. A hybrid neural network-first principles model for fixed-bed reactor[J]. Chemical Engineering Science, 1999, 54(13-14): 2521-2526.

[70] Kramer M A, Thompson M L, Bhagat P M. Embedding theorical model in neural networks[C]. American Control Conference, 1992: 475-479.

[71] Barwicz A, Dion J L. Electronic measuring system for ultrasonic analysis of solutions[J]. IEEE Transactions on Instremention and Measurement, 1990, 39(1): 269-273.

[72] Barwicz A, Dion J L, Morawski R Z. Calibration of an electronic measuring system for ultrasonic analysis of solutions[J]. IEEE Transactions on Instremention and Measurement, 1990, 39(6): 1030-1033.

[73] Wei G, Shida K. A new multifunctional sensor for measuring the concentration and temperature of dielectric solution[C]. Proceedings of the 41st SICE Annual Conference, 2002, 1: 575-580.

[74] 孙选，李国平，艾长胜. 超声波技术在牛乳成分检测中的应用[J]. 济南大学学报（自然科学版），2004，21(2)：108-111.

[75] Wang C T, Shida K. A multifunctional self-calibrated sensor for brake fluid condition monitoring[C]. The 5th IEEE Conference on Sensors, 2006: 815- 818.

[76] Wei G, Shida K. Estimation of concentrations of ternary solution with NaCl and sucrose based on multifunctional sensing technique[J]. IEEE Transactions on instrumentation and measurement, 2006, 55(2): 675-681.

[77] 柴天佑, 丁进良, 王宏, 等. 复杂工业过程运行的混合智能优化控制方法[J]. 自动化学报, 2008, 34(5): 505-515.

[78] 柴天佑. 生产制造全流程优化控制对控制与优化理论方法的挑战[J]. 自动化学报, 2009, 35(6): 641-649.

[79] 刘中凡. 世界铝土矿资源综述[J]. 轻金属, 2001(5): 7-12.

[80] 范振林, 马苗卉. 我国铝土矿资源可持续开发的对策建议[J]. 国土资源, 2009, (11): 53-55.

[81] 鄢艳. 我国铝土矿资源现状[J]. 有色矿冶, 2009, 25(5): 58-60.

[82] 毕诗文, 于海燕. 氧化铝生产工艺[M]. 北京: 化学工业出版社, 2006.

[83] 张心英. 铝酸钠溶液中苛性碱、碳酸碱和氧化铝的流动注射同时测定分析方法研究[D]. 长沙: 中南工业大学, 2000.

[84] Covington A K, Ferra M I A. Buffer solutions for testing class electrode performance in aqueous solutions over the pH range[J]. Analytical Chemistry, 1977, 49: 1363.

[85] Covington A K, Robinson R A, Sarbar M. Determination of carbonate in the presence of hydroxide. Part1. Analysis it first-derivative curves[J]. Analytica Chimica Acta, 1978, 100: 367.

[86] Kowalski Z, Kubiaok W, Kowalska A. Potentionmetric titration of hydroxide, aluminate and cabronate in sodium aluninate solutions[J]. Analytica Chimica Acta, 1982, 140: 115.

[87] 张树朝. 温度滴定仪的研制和应用[J]. 冶金分析, 1998, 18(2): 38-40, 34.

[88] Matocha C K, Crooks J S. An automatic laboratory system for analysis of Bayer process liquor-a study of precision and accuracy[R]. 1986 Pittsburgh Conference, Oral Presentation, 1986.

[89] 谭爱民, 马万培, 许亚春. 一种自动微量滴定新方法[J]. 分析化学, 1994, 22: 482.

[90] Tan A M, Xiao C L. Direct determination of caustic hydroxide by a micro-titration method with dual-wavelength photometric end-point detection[J]. Analytica Chimica Acta, 1997, 341: 297.

[91] 陈秋影, 张志军, 毛暗章. 铝酸钠溶液中苛性碱、全碱的自动分析[J]. 分析实验室, 1996, 15(6): 42.

[92] Tan A M, Zhang L, Xiao C L. Simultaneous and automatic determination of hydroxide and carbonate in aluminate solutions by a micro-titration method[J]. Analytica Chimica Acta, 1999, 388: 219.

[93] Farkas F, 刘叶冰. 氧化铝生产过程中铝酸钠溶液分析方法及仪表[J]. 轻金属, 1986, 4: 20-26.

[94] 焦淑红, 邹若飞, 郭晋梅, 等. 铝酸钠溶液在线检测系统的研制[J]. 分析仪器, 2004, 2: 10-13.

[95] 黄迎春, 李新光, 路铁桩, 等. 铝酸钠溶液成分浓度在线测定系统数学模型的建立与求解[J]. 控制与决策, 2004, 19(1): 111-113.

[96] 李志宏, 杜鹃, 马莹, 等. 铝酸钠溶液化学成分实时测量系统设计及应用[J]. 仪器仪表学报, 2005, 26(10): 1019-1022, 1026.

[97] Dooley V R. On-line/In-field Bayer process liquor analysis: WO2006/007631[P]. 2011-03-02.

[98] 毕诗文, 于海燕, 杨毅宏, 等. 拜耳法生产氧化铝[M]. 北京: 冶金工业出版社, 2007.

[99] 毕诗文. 铝土矿的拜耳法溶出[M]. 北京: 冶金工业出版社, 1996.

[100] 郭万里. 氧化铝制取工[M]. 山西: 山西人民出版社, 2006.

[101] 吴金水. 拜耳法与混联法氧化铝生产工艺物料平衡计算[M]. 北京: 冶金工业出版社, 2002.

[102] 谭何军. 基于苛性比值与溶出率预测模型的拜耳法配料参数优化设定的研究[D]. 长沙: 中南大学, 2005.

[103] 付高峰, 程涛, 陈宝民. 氧化铝生产知识问答[M]. 北京: 冶金工业出版社, 2007.

[104] Zhou L. Modelling and control for nonlinear time-delay system via pattern reeognition approach[C]. Preprints of 2nd IFAC Workshop on Artifficial Intelligence in Real Time Control, 1989: 7-12.

[105] 元天佑. 化学计量[M]. 北京: 原子能出版社, 2002.

[106] 陈平初, 李武客. 为什么要引入摩尔电导率[J]. 大学化学, 2005, 20(5): 38-39.

[107] 陈立秋. 前处理工艺过程碱液浓度的测控[J]. 印染, 2004, 30(6): 38-42.

[108] Browne G R, Finn C W P. Determination of aluminum content of Bayer liquors by electrical conductivity measurement[J]. Metallurgical Transaction B, 1977, 8: 349.

[109] Browne G R, Finn C W P. The effects of aluminum content, temperature and impurities on the electrical conductivity of synthetic bayer liquors[J]. Metallurgical Transaction B, 1981, 12B: 487-492.

[110] 毕诗文, 李春荣, 马绍先, 等. 铝酸钠溶液电导率数学模型的研究[J]. 轻金属, 1984, 6: 9-12.

[111] 谢雁丽, 吕子剑, 毕诗文, 等. 铝酸钠溶液晶种分解[M]. 北京: 冶金工业出版社, 2003.

[112] 罗健旭, 常青. 软测量技术的数据预处理方法研究[J]. 控制工程, 2006, 13(4): 298-300.

[113] 王孝红, 刘文光, 于宏亮. 工业过程软测量研究[J]. 济南大学学报 (自然科学版), 2009, 23(1): 80-86.

[114] 张健, 李国英. 稳健估计和检验的若干进展[J]. 数学进展, 1998, 27(5): 403-415.

[115] 张飞, 赵玉仑. 岩石抗剪强度参数的稳健估计[J]. 岩土力学, 1999, 20(1): 53-56.

[116] Rousseeuw P J, Leroy A M. Robust regression and outlier detection[M]. New York: John Wiley & Sons, Inc, 1987.

[117] 谢玉珑, 王继红, 梁逸曾, 等. 化学计量学中的稳健估计方法[J]. 分析化学, 1994, 22(3): 294-300.

[118] 罗永光, 王海云. 稳健信号处理概论[M]. 长沙: 国防科技大学出版社, 1987.

[119] 陈一非. 稳健多变量统计分析方法研究及算法实现[D]. 广州: 暨南大学, 2005.

[120] Fatemah A A. A new contamination model for robust estimation with large high-dimensional data sets[D]. Columbia: The university of British Columbia, 2003.

[121] Rousseeuw P J. Least median of squares regression[J]. Journal of the American Statistical Association, 1984, 79: 871-880.

[122] Rousseeuw P J, Van D K. A fast algorithm for the minimum covariance determinant estimator[J]. Technometrics, 1999, 41: 212-223.

[123] 高新波. 模糊聚类分析及其应用[M]. 西安: 西安电子科技大学出版社, 2004.

[124] 朱喜林, 武星星, 李晓梅. 基于改进型模糊聚类的模糊系统建模方法[J]. 控制与决策, 2007, 22(1): 73-77.

[125] 仲蔚, 俞金寿. 基于模糊 c 均值聚类的多建模软测量建模[J]. 华东理工大学学报, 2000, 26(1): 83-87.

[126] Xu J X, Hou Z S. Notes on data-driven system approaches[J]. Acta Automatica Sinica, 2009, 35(6): 668-675.

[127] Rosipal R, Trejo L J. Kernel partial least squares regression in reproducing kernel Hilbert space[J]. Journal of Machine learning research, 2001, 2: 97-123.

[128] 曾三友, 孙星明, 夏利民, 等. 基于 Chebyshev 多项式的自适应偏最小二乘回归建模[J]. 长沙铁道学报, 2001, 19(1): 95-99.

[129] George R. Contributions to the problem of approximation of non-linear data with linear PLS in an absorption spectroscopic context[J]. Chemometrics and Intelligent Laboratory Systems, 1999, 47: 99-106.

[130] 李向阳, 朱学峰, 黄道平, 等. 基于定性知识和线性 PLS 的间歇蒸煮过程 Kappa 值软测量方法[J]. 计算机工程与应用, 2002, 38(16): 55-57.

[131] Pekka T, Pentti M. Wavelet-PLS regression models for both exploratory analysis and process monitoring [J]. Journal of Chemometrics, 2000, 14(5-6): 383-399.

[132] Baffi G, Martin E B, Morris A J. Non-linear projection to latent structures revisited: The quadratic PLS algorithm[J]. Computers and Chemical Engineering, 1999, 23: 395-411.

[133] Svante W. Nonlinear partial least squares modeling II. Spline inner relation[J]. Chemometrics and Intelligent Laboratory Systems, 1992, 14: 71-84.

[134] Yoon H B, Chang K Y, Lee I B Nonlinear PLS modeling with fuzzy inference system[J]. Chemometrics and Intelligent Laboratory Systems (S0169-7439), 2002, 64: 137-155.

[135] Qin S J, McAvoy T J. Nonlinear PLS modeling using neural networks[J]. Computers and Chemical Engineering, 1992, 16(4): 379-391.

[136] Baffi G, Martin E B, Morris A J. Non-linear projection to latent structures revisited (the neural network PLS algorithm)[J]. Computers and Chemical Engineering, 1999, 23: 1293-1307.

[137] Lee D S, Lee M W, Woo S H. Nonlinear dynamic partial least squares modeling of a full-scale biological

wastewater treatment plant[J]. Process Biochemistry, 2006, 41: 2050-2057.

[138] Baffi G, Martin E B, Morris A J. Non-linear dynamic projection to latent structures modeling[J]. Chemometrics and Intelligent Laboratory Systems, 2000, 52: 5-22.

[139] Lakshminarayanan S, Sirish L S, Nandakumar K. Modeling and control of multivariable processes: Dynamic PLS approach[J]. AIChE Journal, 1997, 43(9): 2307-2322.

[140] 沈同全,孙逢春,程夕明. 基于 Hsia 算法的 Hammerstein 模型辨识[J]. 系统仿真学报,2007,19(23):5373-5375.

[141] Olufemi A A, Armando B C. Dynamic neural networks partial least squares (DNNPLS) identification of multivariable processes[J]. Computers and Chemical Engineering, 2003, 27: 143-155.

[142] Narendra K, Gallman P. An iterative method for the identification of nonlinear systems using a Hammerstein model[J]. IEEE Trans on Automatic Control, 1966, 11(3): 546-550.

[143] Stoica P. On the convergence of an iterative algorithm used for Hammerstein system identification[J]. IEEE Trans on Automatic Control, 1981, 26(4): 967-969.

[144] Billings S. Identification of nonliear systems-A survey[J]. Proceedings of IEEE, 1980, Part D(127): 272-285.

[145] Bai E. An optimal two-stage identification algorithm for Hammerstein-Wiener nonlinear systems [J]. Automatica, 1998, 34(3): 333-338.

[146] Gomez J C, Baeyens E. Identification of multivariable Hammerstein systems using rational orthonormal bases[C]. Process of the 39th IEEE Conf on Decision and Control. Sydney, Australia: Institute of Electrical and Electronics Engineers Inc, 2000, 1: 2849-2854.

[147] 向微，陈宗海. 基于 Hammerstein 模型描述的非线性系统辨识新方法[J]. 控制理论与应用，2007，24(1)：143-147.

[148] Li S H, Li Q, Li J. Identification of Hammerstein model using hybrid neural networks[J]. Journal of Southeast University (English Edition), 2001, 17(1): 26-30.

[149] Goethals I, Pelckmans K, Suykens J A K, et al. Subspace identification of Hammerstein systems using least squares support vector machines[J]. IEEE transactions on Automatic Control, 2005, 50(10): 1509-1519.

[150] Wang J S, Chen Y P. A fully automated recurrent neural network for unknown dynamic system identification and control[J]. IEEE Transactions on Circuits and Systems-I, 2006, 56(6): 1363-1372.

[151] Wang J S, Hsu Y L. An MDL-based Hammerstein recurrent neural network for control applications[J]. Neurocomputing, 2010, 74(1-3): 315-327.

[152] Hunt K J, Sbarbaro D, Zbikowski R, et al. Neural networks for control systems-a survey[J]. Automatica, 1992, 28(6): 1083-1112.

[153] Hoskuldsson P. PLS regression methods[J]. Journal of Chemometrics, 1988, 2(3): 211-228.

[154] Pearson R K, Pottmann M. Gray-box identification of block-oriented nonlinear models[J]. Journal of Process Control, 2000, 10(4): 301-315.

[155] Balestrino A, Landi A, Ould-Zmirli M, et al. Automatic nonlinear auto-tuning method for Hammerstein modeling of electrical drives[J]. IEEE Transactions on Industrial Electronics, 2001, 48(3): 645-655.

[156] Huoa H B, Zhong Z D, Zhu X J, et al. Nonlinear dynamic modeling for a SOFC stack by using a Hammerstein model[J]. Journal of Power Sources, 2008, 175: 441-446.

[157] Xu K J, Ren H, Wang X F, et al. Non-linear dynamic modeling of hot-film/wire MAF sensors with two-stage identification based on Hammerstein model[J]. Sensors and Actuators A, 2007, 135: 131-140.

[158] Williams R J, Zipser D. A learning algorithm for continually running fully recurrent neural networks[J]. Neural Computation, 1989, 1: 270-280.

[159] Ku C C, Lee K L. Diagonal recurrent neural networks for dynamic systems control[J]. IEEE Transactions on Neural Networks, 1995, 6: 144-156.

[160] Zhao Q, Guo L. Stable adaptive neuro control for nonlinear discrete-time systems[J]. IEEE Transactions on Neural Networks, 2004, 15: 653-622.

[161] 田社平, 姜萍萍, 颜国正. 应用递归神经网络的传感器动态建模研究[J]. 仪器仪表学报, 2004, 25(5): 574-576.

[162] Sontag E D. Input to state stability: Basic concepts and results[J]. Lecture Notes in Mathematics, 2008, 1932: 163-200.

[163] Sontag E D, Wang Y. On characterizations of the input-to-state stability property[J]. Systems and Control Letters, 1995, 24(5): 351-359.

[164] Yu W. Nonlinear system identification using discrete-time recurrent neural networks with stable learning algorithms[J]. Information Sciences, 2004, 158(1): 131-147.

[165] Wang W, Chai T Y, Yu W, et al. Modeling component concentrations of sodium aluminate solution via Hammerstein recurrent neural networks[J]. IEEE Transactions on Control System Technology, 2012, 20(4):971-982.

[166] 丁敬国, 焦景民, 昝培, 等. 基于模糊聚类的 PSO-神经网络预测热连轧粗轧[J]. 东北大学学报（自然科学版）, 2007, 28 (9): 1282-1284.

[167] 潘立登, 李大字, 马俊英. 软测量技术原理与应用[M]. 北京: 中国电力出版社, 2009.

[168] 徐仲安, 王天保. 正交试验设计法简介[J]. 科技情报开发与经济, 2002, 12 (5): 48-501.

[169] 刘汝敏, 罗智, 王震, 等. 正交试验方法在储层地质建模中的应用[J]. 石油天然气学报, 2010, 32 (4): 208-210.

[170] Kruger U, Zhang J P, Xie L. Developments and applications of nonlinear principal component analysis-A review[J]. Lecture Notes in Computational Science and Engineering, 2008, 58: 1-43.

[171] Qin S J. A statistical perspective of neural networks for process modeling and control[C]. Proceedings of IEEE International Symposium on Intelligent Control, Chicago, 1993: 599-604.

[172] 常玉清, 王小刚, 王福利. PCA-DRBFN 模型在精馏塔精苯干点估计中的应用[J]. 东北大学学报（自然科学版）, 2004, 25(2): 103-105.

[173] Liu G S, Yi Z, Yang S M. A hierarchical intrusion detection model based on the PCA neural networks[J]. Neurocomputing, 2007, 70: 1561-1568.

[174] 魏海坤. 神经网络结构设计的理论与方法[M]. 北京: 国防工业出版社, 2005.

[175] 张国英, 王娜娜, 张润生, 等. 基于主成分分析的 BP 神经网络在岩性识别中的应用[J]. 北京石油化工学院学报, 2008, 16(3): 43-46.

[176] 殷华宇, 陈娟, 祁欣, 等. 基于 PCA-BP 的中药提取率的软测量[J]. 计算机与应用化学, 2008, 25(7): 885-888.

[177] Singhal S, Wu L. Training multilayer perceptrons with the extended Kalman algorithm[J]. Advance in neural information processing systems, 1988, 1: 133-140.

[178] Rubio J J, Yu W. Recurrent neural networks training with optimal bounded ellipsoid algorithm[C]. 2007 American Control Conference, 2007: 4768-4773.

[179] 柴伟, 孙先仿. 椭球状态定界的数值稳定算法[J]. 西安交通大学学报, 2007, 41(4): 453-457.

[180] 柴伟, 孙先仿. 非线性椭球集员滤波及其在故障诊断中的应用[J]. 航空学报, 2007, 28(4): 948-952.

[181] 孙先仿, 张志方, 宁文如, 等. OBE 算法对误差界低估的鲁棒性[J]. 自动化学报, 1998, 24(6): 784-788.

[182] Rubio J J, Yu W, Ferreyra A. Neural network training with dead-zone bounded ellipsoid algorithm[J]. Neural Computing and Applications, 2009, 18(6): 623-631.

[183] Yu W, J Rubio J J. Recurrent neural networks training with stable bounding ellipsoid algorithm[J]. IEEE Transactions on neural networks, 2009, 20(6): 983-991.

[184] Kosmatopoulos E B, Polycarpou M M, Christodoulou M A, et al. High-order neural network structures for identification of dynamical systems[J]. IEEE Transactions on Neural Networks, 1995, 6(2): 422-431.

[185] Poznyak A S, Sanchez E N, Yu W. Differential neural networks for robust nonlinear control[M]. Singapore: World Scientific, 2001.

[186] Mitra S, Hayashi Y. Neuro-fuzzy rule generation: survey in soft computing framework[J]. IEEE Transactions on Neural Networks, 2000, 11(3): 748-769.

[187] Ronald R Y, Dimitar P F. Approximate clustering via the mountain method[J]. IEEE Tranactions on Systems, Man and Cybernetics, 1994, 8: 1274-1284.

[188] Chiu S L. Fuzzy model identification based on cluster estimation[J]. Journal of Intelligent and Fuzzy Systems, 1994, 2(3): 267-278.

[189] Yu W, Ferreyra A. On-line clustering for nonlinear system identification using fuzzy neural networks[C]. 2005 IEEE International Conference on Fuzzy Systems, 2005: 678-683.

[190] Yu W, Li X O. On-line fuzzy modeling via clustering and support vector machines[J]. Information Sciences, 2008, 178: 4264-4279.

[191] Yu W, Li X O. Fuzzy neural modeling using stable learning algorithm[C]. 22nd American Control Conferences, 2003: 4542-4548.

[192] Yu W, Li X O. Fuzzy identification using fuzzy neural networks with stable learning algorithms[J]. IEEE Transactions on Fuzzy Systems, 2004, 12(3): 411-420.

[193] 杜清府, 刘海. 检测原理与传感技术[M]. 济南：山东大学出版社, 2008.

[194] 温照方. SIMATIC S7-200 可编程序控制器教程[M]. 北京：北京理工大学出版社, 2002.

[195] 西门子（中国）有限公司自动化与驱动集团. 深入浅出西门子 WinCC V6[M]. 北京：北京航空航天大学出版社, 2004.

[196] Dunia R, Qin S J, Edgar T F, et al. Use of principal component analysis for sensor fault identification [J]. Computers & Chemical Engineering, 1996, 20(S1): S713-S718.

[197] Dunia R, Qin S J. A unified geometric approach to process and sensor fault identification and reconstruction: the unidimensional fault case[J]. Computers & Chemical Engineering, 1998, 22(7-8): 927-943.

[198] 徐进学, 李元, 谢植. 基于 PCA 的故障传感器重构的理论研究[J]. 仪器仪表学报, 2003, 24(增刊 4): 187-188.

[199] 李元, 谢植, 王纲. 基于故障重构的 PCA 模型主元数的确定[J]. 东北大学学报, 2004, 25(1): 20-23.

[200] Qin S J, Yue H Y, Dunia R. Self-validating inferential sensors with application to air emission monitoring[J]. Industrial & Engineering Chemistry Research, 1997, 36(5): 1675-1685.

[201] Dunia R, Qin J, Edgar T F, et al. Identification of faulty sensors using principal component analysis[J]. AIChE Journal, 1996, 42(10): 2797-2812.

[202] 黄桂香. 水产养殖池塘中溶解氧的变化及调控[J]. 现代农业科技, 2014, 17: 295, 297.

[203] 农业部渔业局. 中国渔业统计年鉴[M]. 北京：中国农业出版社, 2016.

[204] 唐启升, 丁晓明, 刘世禄, 等. 我国水产养殖业绿色、可持续发展战略与任务[J]. 中国渔业经济, 2014, (1): 6-14.

[205] 蔡继晗, 沈奇宇, 郑向勇, 等. 氨氮污染对水产养殖的危害及处理技术研究进展[J]. 浙江海洋学院学报（自然科学版）, 2010, (2): 167-172.

[206] Bernhard H S, Asce M, Koskiaho J. Artificial neural network modeling of dissolved oxygen in a wetland pond: the case of Hovi, Finland[J]. Journal of Hydrologic Engineering, 2006, 11(2): 188-192.

[207] Zhao Y, Nan J, Cui F Y, et al. Water quality forecast through application of BP neural network at Yuqiao reservoir[J], Journal of Zhejiang University Science A, 2007, 8(9): 1482-1487.

[208] 高艳萍, 于红, 崔新忠. 基于优化 BP 网络的工厂化水产养殖水质预测模型的实现[J]. 大连水产学院学报, 2008, 23(3): 221-224.

[209] 高艳萍, 周敏, 姜凤娇. 基于 BP 网络养殖水体氨氮预测模型及实现[J]. 农机化研究, 2008(7): 48-50.

[210] Miao X Y, Deng C H, Li X J, et al. A hybrid neural network and genetic algorithm model for predicting dissolved oxygen in an aquaculture pond[C]. International Conference on Web Information Systems and Mining, 2010: 415-419.

[211] 马从国, 赵德安. 基于遗传算法与 RBF 网络的养殖池塘溶氧模型[J]. 中国农村水利水电, 2011, 2: 14-16, 22.

[212] 王瑞梅, 傅泽田, 何有缘. 基于神经网络的模糊系统池塘淡水养殖溶氧预测模型[J]. 安徽农业科学, 2010, 38(33): 18868 -18870, 18873.

[213] Wang R M, Fu Z T, He Y Y. Prediction model of dissolved oxygen fuzzy system in aquaculture pond based on neural network[J]. Agricultural Science and Technology, 2010, 11(8): 14-18.

[214] Deng C H, Wei X J, Guo L X. Application of neural network based on PSO algorithm in prediction model for dissolved oxygen in fishpond[C]. Proceedings of the 6th World Congress on Intelligent Control and Automation, 2006: 9401-9405.

[215] Hu X M, Hu Y Z, Yu X Z. The soft measure model of dissolved oxygen based on RBF network in ponds[C]. The Fourth International Conference on Information and Computing, 2011: 38-41.

[216] 刘双印, 徐龙琴, 李道亮, 等. 基于蚁群优化最小二乘支持向量回归机的河蟹养殖溶氧预测模型[J]. 农业工程学报, 2012, 28(23): 167-175.

[217] 龚怀瑾, 毛力, 杨弘. 基于变尺度混沌 QPSO_LSSVM 的水质溶氧预测建模[J]. 计算机与应用化学, 2013, 30(3): 315-318.

[218] 刘双印, 徐龙琴, 李道亮, 等. 基于时间相似数据的支持向量机水质溶氧在线预测[J]. 农业工程学报, 2014, 30(3): 155-162.

[219] Shields R J. Larviculture of marine finfish in Europe[J]. Aquaculture, 2001, (2): 55-88.

[220] 蔡继晗, 沈奇宇, 郑向勇. 氨氮污染对水产养殖的危害及处理技术研究进展[J]. 浙江海洋学院学报(自然科学版), 2010, 29(2): 167-195.

[221] 章晨静. 浅谈氨氮对养殖水体的影响[J]. 河北渔业, 2002(3): 49.

[222] 张卫强, 朱英. 养殖水体中氨氮的危害及其监测方法研究进展[J]. 环境卫生学杂志, 2012, 2(6): 324-326.

[223] Randall D J, Tsuit K N. Ammonia toxicity in fish [J]. Marine Pollution Bulletin, 2002, 45: 17-23.

[224] 王吉桥, 谭克非, 张剑诚. 大菱鲆养殖理论与技术[M]. 北京: 海洋出版社, 2006.

[225] 罗静波, 曹志华, 蔡太锐, 等. 氨氮对克氏原螯虾幼虾的急性毒性研究[J].长江大学学报（自然科学版), 2006, 3(4): 183-185.

[226] 曲克明, 徐勇, 马绍赛, 等. 不同溶解氧条件下亚硝酸盐和非离子氨对大菱鲆的急性毒性效应[J]. 渔业现代化, 2007, 28(4): 83-88.

[227] 中华人民共和国环境保护部. 海水水质标准: GB 3097—1997 [S]. 北京: 环境科学出版社, 2004.

[228] Kooijman S A L M. A safety factor for LC values allowing for differences in sensitivity among species[J]. Water Research, 1987, 21(3): 269-276.

[229] 郑磊, 张娟, 闫振广, 等. 我国氨氮海水质量基准的探讨[J]. 海洋学报, 2016, 38(4): 109-119.

[230] 国家环境保护总局. 水和废水监测分析方法（第四版）[M]. 北京:中国环境科学出版社, 2002: 276-281.

[231] 闫修花, 王桂珍, 陈迪军. 纳氏试剂比色法测定海水中的氨氮[J]. 环境监测管理技术, 2003, 15(3): 21-23.

[232] 任妍冰, 李婷婷, 刘园园, 等. 次溴酸盐氧化法测定海水中氨氮试验条件的优化[J]. 环境监测管理技术, 2013, 25(3): 44-46.

[233] 石芳永, 张延青, 徐洋, 等. 海水养殖废水中氨氮测定方法的影响因素及改进研究[J].渔业现代化, 2009, 36(2): 20-24.

[234] 吴卓智. 次溴酸盐氧化法测定水中 NH4-N 的改进方法[J]. 海洋环境科学, 2007, 26(1): 85-87.

[235] 杨铭. 靛酚蓝分光光度法测定室内空气中氨的含量[J]. 广东化工, 2012, (3): 165.

[236] 李时平, 贾文泽. 污水中微量氨氮的光度测定方法[J]. 石油大学学报（自然科学版), 2003, (5): 107-109.

[237] 魏海峰, 刘长发, 张俊新. 靛酚蓝法测定水中氨氮方法的改进[J]. 实验室研究与探索, 2013, (7): 17-19.

[238] 林春凤. 氨气敏电极快速测定炼油废水中氨氮含量的研究[J]. 广东化工, 2015, 22(42): 172-173.

[239] 乔俊飞, 安茹, 韩红桂. 基于 RBF 神经网络的出水氨氮预测研究[J]. 控制工程, 2016, (9): 1301-1305.

[240] 乔俊飞, 马士杰, 许进超. 基于递归 RBF 神经网络的出水氨氮预测研究[J]. 计算机与应用化学, 2017, (2): 145-151.

[241] 韩红桂, 陈治远, 乔俊飞, 等. 基于区间二型模糊神经网络的出水氨氮软测量[J]. 化工学报, 2017, (3): 1032-1040.

[242] 郭民, 祝曙光, 韩红桂. 基于模糊神经网络的出水总磷和氨氮软测量方法研究[J]. 计算机与应用化学, 2017, (1): 79-84.

[243] Lloret S M, Andrés J V, Legua C M, et al. Determination of ammonia and primary amine compounds and Kjeldahl

nitrogen in water samples with a modified Roth's fluorimetric method[J]. Talanta, 2005, 65(4): 869-875.

[244] 王宁，王聪，哈谦，等. 基于荧光法的海水氨氮测量方法研究[J]. 海洋技术，2010,(4)：20-22.

[245] 柳畅先，华崇理，孙小梅. 水中氨氮的酶法测定[J]. 分析化学，1999, (6)：712-714.

[246] 周珂，贺静，刘燕燕，等. 改进测定水中氨氮分子吸收光谱法的试验研究[J]. 环境科学与技术，2012, (3): 147-150.

[247] 朱敬萍，郭远明，陈瑜. 流动注射法测定海水中的氨氮[J]. 浙江海洋学院学报（自然科学版），2012, (2): 178-181.

[248] 雷霁霖，门强，王印庚，等. 大菱鲆"温室大棚+深井海水"工厂化养殖模式[J]. 海洋水产研究，2002，23(4): 1-7.

[249] 于大伟，邓长辉，王魏，等. 基于 WinCC 的集约化水产养殖监控系统设计[J]. 中国仪器仪表, 2013, 4: 48-51,55.